Fouad Soliman
Karima Mahmoud

A Inteligência Artificial e o Futuro da Humanidade

Fouad Soliman
Karima Mahmoud

A Inteligência Artificial e o Futuro da Humanidade

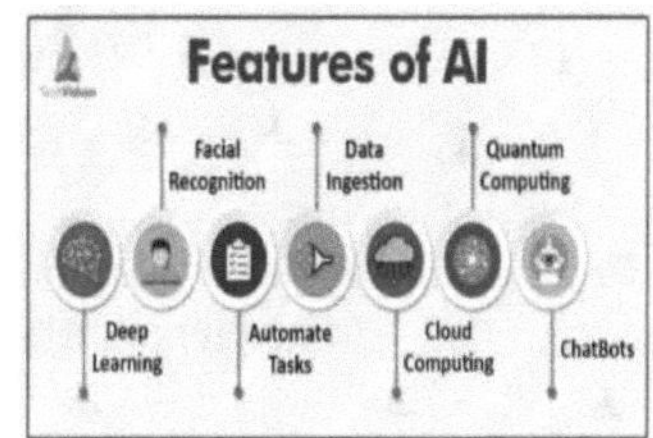

A Inteligência Artificial e o Futuro da Humanidade

By

Fouad A. S. Soliman
Prof., Electronics and
Computer Sciences

Karima A Mahmoud
Physics Researcher

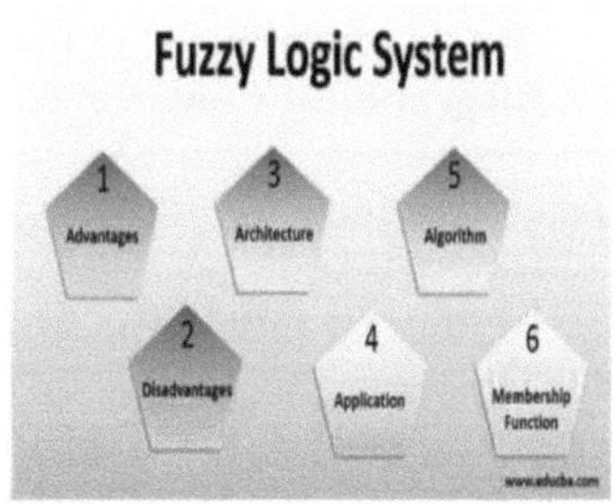

June 2024

Sobre os autores

Dr. Eng. Fouad A. S. Soliman

Prof. de Engenharia Eletrónica e de Computadores, Nuclear Materials Authority, Cairo, Egipto.

Membro do Conselho Editorial de:

- **Progress in Photovoltaic, "Research and Applications", John Wiley and Sons, Reino Unido, desde 1993,**
- **Periódicos da Associação para o Avanço das Técnicas de Modelação e Simulação, AMSE, Lune, França,**
- **Revista Internacional de Ciência da Computação e Aplicações de Engenharia (IJCSEA).**

Membro de:

- **Associação Americana para o Avanço das Ciências, N.Y., U.S.A,**
- **Academia de Ciências de Nova Iorque, Nova Iorque, E.U.A.**

Escolhido para:

- **Who's Who in the World, A.N. Marquis, N.J., U. S. A.**
- **Outstanding People of the 20th Century, International Biographical Center of Cambridge, Inglaterra.**

Ensino nas universidades

- **Ensino dos estudantes de pós-graduação nas universidades egípcias.**

Publicações e supervisão de M.Sc. e Ph.D.
Artigos e teses supervisionadas
- **Cerca de 200**

Livros:
[1] . Fouad A. S. Soliman, **"A Novel Look on the world of Nanotechnology for Today and Future",** livro publicado, Lambert Academic Publishing, Omni- Scriptum GmbH and Co.

KG, fevereiro de 2016, ISBN 978-3-659-83496-7.

[2] . F. A. S. Soliman, **"Energy and the Future of Civilizations"**, publicado em
Livro, Lambert Academic Publishing, Omni-Scriptum GmbH and Co. KG, abril de 2016.
ISBN 978-3-659-88129-9.

[3] . F. A. S. Soliman, **"Caracterização, Simulação, Aplicações, Deployment and Economics of Solar Energy"**, Lambert Academic Publishing, LAP, Saarbrücken, Alemanha, maio de 2016.
ISBN 978-3-659-89387-2.

[4] . Fouad A. S. Soliman **e Hoda A. Ashry," Role of the Nuclear Technology on Human Daily Life"**, livro publicado, Lambert Academic Publishing, Omni-Scriptum, GmbH and Co. KG, maio de 2016. ISBN 978-3-659-90461-5.

[5] . Fouad A. S. Soliman, **Safaa M. R. El-ghanam e Ashraf M. Abdel-Maksoud, "Impact of Outer Space Environment on Electronic Devices and Systems"**, livro publicado, Lambert Academic Publishing, Omni-Scriptum GmbH and Co. KG, julho de 2016.
ISBN: 978-3-659-93044-7

[6] . H. A. Ashry, Fouad A. S. Soliman **e S. A. Kamh, "Nuclear Techno logia: Future Generation, Protection and Monitoring", livro publicado, Lambert Academic Publishing, Omni-Scriptum GmbH and Co. KG, agosto de 2016.**
ISBN: 978-3-659-93921-1

[7] . Fouad. A.S. Soliman, **"Agriculture in Remote Areas Based on Solar Energia", livro publicado,** Lambert Academic Publishing, Omni- Scriptum GmbH & Co. KG, Set. 2016.
ISBN: 978-3-659-95267-8

[8] . Fouad A. S. Soliman, **" Solar-Wind Hybrid Renewable Energy for Agricultura Sustentável",** Livro Publicado, Lambert Academic Publishing, Omni- Scriptum GmbH and Co. KG, outubro, 2016, Número:145917
ISBN: 978-3-659-96384-1

[9] . Fouad A. S. Soliman, **High Voltage Transmission Lines: Importância,**

    Maintenance and Risks", livro publicado, Lambert Academic Publishing, Omni- Scriptum GmbH and Co. KG, novembro, 2016, Número: 147937, ISBN: 978-3-330-00309-5.

[10] . **Hoda A. Ashry e** Fouad A. S. Soliman, **Técnica Analítica Nuclear**

    ques e Ciências Modernas, Livro Publicado, Lambert Academic Publishing, Omni- Scriptum, GmbH and Co. KG, dezembro, 2016, Nº : 149558,

    ISBN: 978-3-330-01772-6.

[11] . Fouad A. S. Soliman, **Energy: History, Definitions, Forms, Trans**

    formação e aplicações, Livro Publicado, Lambert Academic Publishing, Omni- Scriptum, GmbH and Co. KG, janeiro de 2017.

    ISBN: 978-3-330-02939-2.

[12] . Fouad A. S. Soliman, **Tudo sobre materiais nucleares, Livro publicado,**

    Lambert Academic Publishing, Omni- Scriptum GmbH and Co. KG, 2017. ID do projeto (150859) ISBN:978-3-330-03643-7.

[13] . Fouad A. S. Soliman **e Hoda A. Ashry, Focus on the Treasures of**

    A Terra, livro publicado, Lambert Academic Publishing, Omni- Scriptum GmbH and Co. KG, fevereiro de 2017.

    ISBN: 978-3-659-85407-1.

[14] . Fouad A. S. Soliman, **Tecnologia da Energia Geotérmica,** Publicado em

    Livro, Lambert Academic Publishing, Omni-Scriptum GmbH and Co., KG, maio de 2017.

    ISBN: 978-3-330-31808-3.

[15] . Fouad A. S. Soliman, **Marine Power Technology and Future of**

    Energia, livro publicado, Lambert Academic Publishing, Omni-Scriptum GmbH and Co. KG, junho de 2017.

    ISBN: 978-3-330-32467-1.

[16] . Fouad A. S. Soliman **e Hoda A. Ashry, Atomic Batteries: the Easy**

    Energia para o Futuro", Livro Publicado, Lambert

Academic Publishing, Omni-Scriptum. GmbH and Co. KG, julho de 2017.
ISBN:978-3-330-35308-4.

[17] . Fouad A. S. Soliman, e Hoda A. Ashry, Evolução do sincrotrão
Radiação e sua importância", livro publicado, Lambert Academic Publishing, Omni-Scriptum GmbH and Co. KG, agosto de 2017.
ISBN: 978-620-2-01385-7

[18] . Fouad A. S. Soliman, "Mecatrónica: Multidisciplinaridade Engineering", livro publicado, Lambert Academic Publishing, Omni- Scriptum, GmbH and Co. KG, agosto de 2017.
ISBN: 978-620-0-43740-2.

[19] . Fouad A. S. Solimna e Hoda A. Ashry, "Recuperação de ouro e prata
from Electronic Waste", Recuperação de ouro e prata de resíduos electrónicos", Livro publicado Lambert Academic Publishing, Omni-Scriptum GmbH and Co. KG, Set. 2017.
ISBN: 978-620-2-04988-7.

[20] . Fouad A. S. Soliman, Amira A El-laboudi e Manal Mahdi, "Colheita de energia e necessidades humanas futuras",
Livro publicado,
Lambert Academic Publishing, Omni-Scriptum GmbH and Co. KG, novembro de 2017.
ISBN: 978-620-2-07981-5.

[21] . Hoda A. Ashry e Fouad A. S. Soliman, "World of Neurons",
Livro publicado, Lambert Academic Publishing, Omni- Scriptum GmbH and Co. KG, janeiro de 2018.
ISBN: 978-613-4-97714-2.

[22] . Fouad A. S. Soliman, "Role of Engineering in Therapy", Publicado em
Livro Lambert Academic Publishing, Omni- Scriptum GmbH and Co. KG, abril de 2018.
ISBN: 978-613-9-58735-3.

[23] . Fouad A. S. Soliman, "New Trends in Exploring Earth Treasures" (Novas Tendências na Exploração dos Tesouros da Terra),
Livro publicado, Lambert Academic Publishing, Omni-

Scriptum GmbH Co. KG, Nov. 2019.
ISBN: 978-620-0-46469-9.

[24] . Fouad A. S. Soliman, **"Energia: Recursos, Derivados, Sustentabilidade**
and Development", Livro publicado Lambert Academic Publishing, Omni-Scriptum GmbH and Co. KG, dezembro de 2019.

[25] . Fouad A. S. Soliman e **Hamed I. E. Mira, "Nuclear Power: História, materiais, economia e futuro"**, Livro publicado Lambert Academic Publishing, Omni-Scriptum GmbH & Co. KG, janeiro de 2020. ISBN: 978-620-0-46407-1.

[26] . Fouad A. S. Soliman, **"Renewable Energy and the Future of Human Vida"**, Livro publicado. Lambert Academic Publishing. Omni-Scriptum GmbH e Co.KG, fevereiro de 2020. ISBN: 978-620-0-53632-7.

[27] . Fouad A. S. Soliman, **Safaa M. R. El-ghanam, e Ashraf M. Abdel-maksoud, "Impacto ambiental da indústria energética"**, Livro publicado Lambert Academic Publishing, Omni-Scriptum GmbH and Co. KG, fevereiro de 2020. ISBN: 978-620-0-57165-6.

[28] . Fouad A. S. Soliman e **Amira Abdel-Magid, "Projections, Developments and Exploitations of Renewable Energy Resources"** Livro publicado, Lambert Academic Publishing, Omni-Scriptum GmbH and Co. KG, março de 2020. ISBN: 978-620-065158-7.

[29] . Fouad A. A. Soliman, e **Wafaa Abd El-Basit, "Smart Photovoltaic Technologies and the Future of Energy"**, livro publicado, Lambert Academic Publishing, **Omni-Scriptum** GmbH and Co. KG, março de 2020. ISBN: 978-620-251267-1.

[30] . Fouad A. S. Soliman, e **Sanaa A. Kamh", Hardware de Código Aberto Tecnologia,** Livro Publicado, Lambert Academic Publishing, Omni- Scriptum GmbH and Co. KG, abril de 2020. ISBN: 978-620-2-51639-6.

[31] . Fouad A. S. Soliman, **"Renewable Energy Technologies for**

Salt
  Dessalinização da água", Livro publicado, Lambert Academic
  Publishing, Omni-Scriptum GmbH and Co. KG, maio de 2020.
  ISBN: 978-620-2-52159-8.
[32] . Fouad A. S. Soliman, " New Trends in Renewable Energy
for
  Humanity Benefits", livro publicado, Lambert Academic
  Publishing, Omni-Scriptum GmbH and Co. KG, maio de 2020.
  ISBN: 978-620-2-51887-1.
[33] . Fouad A. S. Soliman, e Ashraf M. Abdel-maksoud, "Energy
  Armazenamento, transmissão e monitorização", livro
  publicado, Lambert Academic Publishing, Omni-Scriptum
  GmbH and Co. KG, maio de 2020.
  ISBN: 978-6213-94971-2
[34] . Fouad S. S. Soliman, "Climate Effects on PV-Systems and
their
  Manutenção e Reciclagem", Livro Publicado, Lambert
  Academic Publishing, Omni-Scriptum GmbH and Co. KG,
  junho de 2020.
  ISBN: 978-620-2-56451-9.
[35] . Fouad A. S. Soliman e Hamed I. E. Mira, "Drones: The
Future of
  Unmanned Aerial Vehicles", Livro publicado Lambert
  Academic Publishing, Omni-Scriptum GmbH and Co. KG,
  junho de 2020.
  ISBN: 978-620-2-66811-8.
[36] . Fouad A. S. Soliman, "Airborne Geophysical & Remote
Sensing
  Based on DroneAircrafts", livro publicado, Lambert
  Academic Publishing, Omni-Scriptum GmbH and Co. KG,
  julho de 2020.
  ISBN: 978-620-2-67331-0.
[37] . Fouad A. S. Soliman e Safaa M. El-ghanam "The World of
  Tecnologias de energia renovável", Livro publicado, Lambert
  Academic Publishing, Omni-Scriptum GmbH and Co. KG,
  agosto de 2020.
  ISBN: 978-620-2-68432-3.
[38] . Fouad A. S. Soliman, e Ashraf M. Abedel-maksoud",
Tecnologias

of Stand-Alone and Distributed Energy Systems", Livro publicado, Lambert Academic Publishing, Omni-Scriptum GmbH and Co. KG, setembro de 2020.
ISBN: 978-620-0-50455-6.

[39] . Fouad A. S. Soliman, **Uma técnica aérea nova e eficiente para**
Deteção de UXO, livro publicado, Lambert Academic Publishing, Omni- Scriptum GmbH and Co. KG, setembro de 2020.
ISBN: 978-620-2-79934-8

[40] . Fouad A. S. Soliman e **Ashraf M. Abedel-maksoud, "Tecnologia**
and Future of Nano-fluids", livro publicado, Lambert Academic Publishing, Omni-Scriptum GmbH and Co. KG, setembro de 2020.
ISBN: 978-620-2-80132-4.

[41] . Fouad A. S. Soliman, e **Safaa M. El-ghanam,** "New Trends in the
Geração, Conversão, Transmissão e Armazenamento de Energia", **Livro Publicado, Lambert Academic Publishing, Omni-Scriptum GmbH and Co. KG, outubro de 2020.**
ISBN: 978-620-2-80878-1.

[42] . Fouad A. S. Soliman, **"Monitorização Remota, Medição de Rede, Falhas**
Deteção e Manutenção Preditiva de Sistemas Eléctricos de Potência. Livro publicado, Lambert Academic Publishing, Omni-Scriptum GmbH and Co. KG, outubro de 2020.
ISBN: 978-3-330-06474-4.

[43] . Fouad A. S. Soliman, **A. A. Abu Talib e Doaa H. Hanafy, "PV**
Shockley-Queasier, Maximum Power, Green Houses and Rooftop Stations", Livro publicado, Lambert Academic Publishing, Omni- Scriptum GmbH and Co. KG, outubro de 2020.
ISBN: 978-620-2.92085-8.

[44] . Fouad A. S. Soliman, **Wafaa A. Zekri, Soha Abel-Azim, Environ**
Mental Impact of Electricity Generation, Transmission and Industry", Livro publicado, Lambert Academic Publishing,

Omni- Scriptum GmbH and Co. KG, novembro de 2020.
ISBN: 978-620-3-02581-1.

[45] . Fouad A. S. Soliman e **Safaa R. El-ghanam, Energia do Futuro**
DevelopMent, Livro Publicado, Lambert Academic Publishing,
Omni- Scriptum GmbH and Co. KG, novembro de 2020.
ISBN: 978-620-3-041132.

[46] . Fouad A. S. Soliman **e Hamed I. E. Mira, "For More Efficient**
Solar Energy Applications", Livro publicado Lambert
Academic Publishing, Omni-Scriptum GmbH and Co. KG,
dezembro de 2020.
ISBN: 978-620-801002.

[47] . Fouad A. S. Soliman, e **Sanaa A. Kamh,** "New Trends in Micro-and
Hybrid-Energy Grids", Livro publicado, Lambert Academic
Publishing, Omni-Scriptum. GmbH and Co. KG, dezembro de
2020.
ISBN: 978-620-2-92022-3.

[48] . Fouad A. S. Soliman, **"Trends in Renewable Energy Resources**
Gridding", Livro publicado Lambert Academic Publishing,
Omni- Scriptum GmbH and Co. KG, janeiro de 2021.
ISBN: 978-620-3-30339-1.

[49] . Fouad A. S. Soliman, e **Wafaa Abdel Basit Zekri, "Gridding of**
Smart Solar Energy Systems", livro publicado, Lambert
Academic Publishing, Omni-Scriptum, GmbH and Co., K.G.
março de 2021.
ISBN: 978-620-3-46312-5.

[50] . Fouad A. S. Soliman e **Safaa R. El-ghanam, "New Trends in**
Sistema Fotovoltaico", Livro Publicado, Lambert Academic
Publishing, Omni-Scriptum GmbH and Co., K.G., Dez. 2020.
ISBN: 978-620-3-47075-8.

[51] . Fouad A. S. Soliman, **"Monitorização automática de**
sistemas fotovoltaicos",
Livro publicado Lambert Academic Publishing, Omni-Scriptum
GmbH and Co. KG, setembro de 2021.
ISBN: 978-620-3-58196-6.

[52] . Fouad A. S. Soliman e **Ashraf M. Abedel-maksoud,** "Marine
Power: The Future of Renewable Energy, Livro Publicado,
Lambert Academic Publishing, Omni-Scriptum GmbH and Co.
KG, novembro,
2 021.
ISBN: 978-620-4-71792-0163.

[53] . Fouad A. S. Soliman, **"Carbon Capture and Sequestration",**
Livro publicado Lambert Academic Publishing, Omni-Scriptum
GmbH and Co. KG, novembro de 2021.
ISBN: 978-620-4-72561-1163.

[54] . Fouad A. S. Soliman, e **Hoda A. Ashry, "Role of Electronics and**
Computer Sciences on Energy Medicine", Livro publicado
Lambert Academic Publishing, Omni-Scriptum GmbH and Co.
KG, Nov. 2021. ISBN: 978-620-4-727387.

[55] . Fouad A. S. Soliman, e **Nehal Abou-el fotoh Ali, "Future**
Challenges of Electronics Based on Piezoelectric", Livro
publicado Lambert Academic Publishing Omni-Scriptum
GmbH and Co. KG, dezembro de 2021.
ISBN: 978-620-4-70844.

[56] . Fouad A. S. Soliman, **Ayman H. Shanash e Nehal Abou-el fotoh**
Ali, "Sustainale Energy for Human Safety and Luxury",
livro publicado Lambert Academic Publishing, Omni-Scriptum
GmbH and Co. KG, janeiro de 2022.
ISBN: 978-620-4-73029-1163.

[57] . Fouad A. S. Soliman, e **Nehal Abou-el fotoh Ali, "World of Osmo**
Tic Phenomenon", Livro publicado Lambert Academic
Publishing, Omni-Scriptum GmbH & Co. KG, janeiro de 2021.
ISBN: 978-620-4-73327-2164.

[58] . Fouad A. S. Soliman, **Ayman H. Shanash & Nehal Abou-el fotoh Ali,**
"A Deep Insight into the Future of Energy", livro publicado
Lambert Academic Publishing, Omni-Scriptum GmbH and Co.
KG, Jan. 2022. ISBN: 978-620-4-73472-9164.

[59] . Fouad A. S. Soliman, **Ayman H. Shanash e Nehal Abou-el**

fotoh
    Ali, "Transitioning from Fossil Fuels to Renewable Energy",
Livro publicado Lambert Academic. Publishing, Omni-
Scriptum GmbH and Co. KG, fevereiro de 2022.
ISBN: 978-620-4-74114-7164.

[60] . Fouad A. S. Soliman, **Ayman H. Shanash e Nehal Abou-el
fotoh**
    Ali, "Ocean Thermal Energy Conversion", Livro publicado
Lambert Academic Publishing, Omni-Scriptum GmbH and Co.
KG, Fev. 2022. ISBN: 978-620-4-74278-61.

[61] . Fouad A. S. Soliman, **Ayman H. Shanash e Nehal Abou-el
fotoh**
    Ali, "The Rapid Movement towards Clean Green World",
Livro publicado Lambert Academic. Publishing, Omni-
Scriptum GmbH and Co. KG, fevereiro de 2022.
ISBN: 9786-204-745 183.

[62] . Fouad A. S. Soliman, **Ayman H. Shanash e Nehal Abou-el
fotoh**
    Ali, "Renewable Energy Systems Engineering", Livro
publicado Lambert Academic Publishing, Omni-Scriptum
GmbH and Co. KG, fevereiro de 2022.
ISBN: 978-620-4-74716-3.

[63] . Fouad A. S. Soliman, **Ayman H. Shanash e Nehal Abou-el
fotoh**
    Ali, "From A - To Z-about Renewable Energy", Livro
publicado Lambert Academic Publishing, Omni-Scriptum
GmbH and Co. KG, março de 2022.
ISBN: 9786-202-053099.

[64] . Fouad A. S. Soliman, **Hamed I. E. Mira e Nehal Abou-el
fotoh Ali,**
    "Steps on the Way of Energy Future and Conservation",
Livro publicado Lambert Academic Publishing, Omni-Scriptum
GmbH and Co. KG, março de 2022.
ISBN: 9786-139-448388.

[65] . Fouad A. S. Soliman, **Nehal Abou-el fotoh Ali & Karima A.
Mahmoud, "Engineering and Comfortable Smart Life",**
Livro publicado Lambert Academic Publishing, Omni-Scriptum
GmbH and Co. KG, março de 2022.
ISBN: 978-620-0-24999-91.

[66] . Fouad A. S. Soliman, Hoda A. Ashry e Nehal Abou-el fotoh Ali,
"World of Fuel Cells", Livro publicado Lambert Academic Publishing,
Omni-Scriptum GmbH e Co. KG, abril de 2022.
ISBN: 978-620-4-74855-91.

[67] . Fouad A. S. Soliman, Nehal Abou-el fotoh Ali e Wafaa A. Zekri,
"Engenharia de Sistemas Fotovoltaicos", Livro publicado Lambert Academic Publishing, Omni-Scriptum GmbH and Co. KG, abril de 2022. ISBN: 978-620-4-74893-11.

[68] . Fouad A. S. Soliman, Amira A. Abo-talib e Doaa H. Hanafy, "
Role of Electronic Engineering on Automotive and Mechanic Science, Livro publicado Lambert Academic Publishing, Omni-Scriptum, GmbH and Co. KG, maio de 2022. ISBN: 978-620-4-75130-61.

[69] . Fouad A. S. Soliman, Nihal Abou-alfotoh Ali," Nano-fiber: A
Future of Materials", Livro publicado Lambert Academic Publishing, Omni-Scriptum, GmbH and Co. KG, maio de 2022. ISBN: 978-620-4-95505-616.

[70] . Fouad A. S. Soliman, Sanaa A. Kamh e Doaa H. Hanafy, "The
Brilliant Future of Lithium in Energy Storage", Livro publicado Lambert Academic Publishing, Omni-Scriptum, GmbH and Co. KG, maio de 2022.
ISBN: 978-620-4-98014-0165519.

[71] . Fouad A. S. Soliman, e Hamed I. E. Mira, "Microscópio estéreo:
the Nano-Imaging Tool of Future", Livro publicado Lambert Academic Publishing, Omni-Scriptum, GmbH and Co. KG, maio de 2022. ISBN: 978-620-5489-406.

[72] . Fouad A. S. Soliman, Amira A. Abo-talib El-laboudi e Karima A.
Mahmoud, "Future of Energy Hybrid Technologies", Livro publicado Lambert Academic Publishing, Omni-Scriptum, GmbH and Co. KG, maio de 2022.
ISBN: 978-620-5489-406.

[73] . Fouad A. S. Soliman, **Wafaa Abdel-basit Zekri e Karima A. Mahmoud, "The Brilliant Future of Digital Imaging",** Livro publicado Lambert Academic Publishing, Omni-Scriptum, GmbH and Co. KG, agosto de 2022. ISBN: 978-6205-4956-12.

[74] . Fouad A. S. Soliman, **"O futuro das ciências interdisciplinares",** Livro publicado Lambert Academic Publishing, Omni-Scriptum, GmbH and Co. KG, outubro de 2022. ISBN: 978-620-5-50245-71.

[75] . Fouad A. S. Soliman, **e Karima A. Mahmoud, "Fewer Losses on Renewable Energy Generation and Applications",** Livro publicado Lambert Academic Publishing, Omni-Scriptum, GmbH and Co. KG, outubro de 2022. ISBN: 978-620-4-980669.

[76] . Fouad A. S. Soliman, **Amira Abou-talib El-Iaboudi e Doaa H. Hassan, "Food Energy",** Livro publicado, Lambert Academic Publishing, Omni-Scriptum, GmbH and Co. KG, outubro de 2022. ISBN: 978-620-5-50995-116.

[77] . Fouad A. S. Soliman, **Wafaa Abdel-basit Zekri & Karima A. Mahmoud," The Brilliant World of Graphene",** Livro publicado Lambert Academic Publishing, Omi-Scriptum, GmbH and Co. KG, outubro de 2022. ISBN: 978-620-5-51599-016.

[78] . Fouad A. S. Soliman, **Amira A. Abo-talib & Doaa H. Hanafy," Wind As a Mainstream Renewable Power",,** Livro publicado Lambert Academic Publishing, Omni-Scriptum, GmbH and Co. KG, outubro de 2022. ISBN: 978-620-5-52588-316.4

[79] . Fouad A. S. Soliman, **e Karima A. Mahmoud,** "Unmanned Aerial Vehicle Applications and Development towards Few Grams Weight", Livro publicado Lambert Academic Publishing, Omni-Scriptum, GmbH and Co. KG, outubro de 2022. ISBN: 978-620-4-980669.

[80] . Fouad A. S. Soliman, e Karima A. Mahmoud, "The Benefits of
O plástico e os seus perigos iminentes para a humanidade".
Livro publicado Lambert Academic Publishing, Omni-
Scriptum, GmbH and Co. KG, Out.
2 022.
ISBN: 978-620-5622472.

[81] . Fouad A. S. Soliman, e Karima A. Mahmoud, "Advanced
Technologies for Gold Prospection and Mining", Livro
publicado Lambert Academic Publishing, Omni-Scriptum,
GmbH and Co. KG, fevereiro de 2023.
ISBN: 978-620-6142263.

[82] . Fouad A. S. Soliman, e Karima A. Mahmoud, "Neuro-
linguística
Programing", Livro publicado Lambert Academic Publishing,
Omni- Scriptum, GmbH and Co. KG, março de 2023.
ISBN: 978-620-14432.

[83] . Fouad A. S. Soliman, e Karima A. Mahmoud, "Future
Techniques
In Mind Mapping", Livro publicado Lambert Academic
Publishing, Omni-Scriptum, GmbH, and Co. KG, março de
2023.
ISBN: 978-6206-147640.

[84] . Fouad A. S. Soliman, e Hamid I. E. Mira, "Copper for
Bright
Future of Renewable Energy", Livro publicado Lambert
Academic Publishing, Omni-Scriptum, GmbH and Co. KG,
março de 2023. ISBN: 978-6206-142263.

[85] . Fouad A. S. Soliman, Amira A. Abo-talib e Doaa H.
Hanafy,
Renewable Energy the Power of World by 2050", Livro
publicado Lambert Academic Publishing, Omni-Scriptum,
GmbH and Co. KG, março de 2023. abril de 2023.
ISBN: 978-6206-153573.

[86] . Fouad A. S. Soliman e Karima A. Mahmoud, Global
Energy
Interligação e prática" Livro publicado Lambert Academic
Publishing Omni-Scriptum, GmbH and Co. KG. abril de 2023.
ISBN: 978-6206-153573.

[87] . Fouad A. S. Soliman, **Hamid I. E. Mira e Karima A. Mahmoud,**
 "Uma visão do mundo da tecnologia da energia eólica".
 Livro publicado Lambert Academic Publishing, Omni-Scriptum, GmbH and Co. KG. setembro de 2023.
 ISBN: 978-6206-781967.

[88] . Fouad A. S. Soliman, **Wafaa A. Zekri e Karima A. Mahmoud,**
 "O papel do hidrogénio na vida humana". Livro publicado Lambert Academic Publishing, Omni-Scriptum, GmbH and Co. KG. Set. 2023. ISBN: 978-6206-78625-2.

[89] . Fouad A. S. Soliman, **e Karima A. Mahmoud, "Future of Energia Renovável e Técnicas de Armazenamento".** Livro publicado Lambert Academic Publishing, Omni-Scriptum, GmbH and Co. KG. setembro de 2023.
 ISBN: 978-6206-790570.

[90] . Fouad A. S. Soliman, **Hamid I. E. Mira e Karima A. Mahmoud,**
 "Importância, Pobreza, Transmissão, Segurança das Energias Renováveis". Livro publicado Lambert Academic Publishing, Omni- Scriptum, GmbH and Co. KG. setembro de 2023.
 ISBN: 978-6206-8433513.

[91] . Fouad A. S. Soliman, **Hamid I. E. Mira e Karima A. Mahmoud,**
 "Rumo a 100 % de energias renováveis". Livro publicado Lambert Academic Publishing, Omni-Scriptum, GmbHand Co. KG. Dez. 2023. ISBN: 978-620-7-44774-9.

[92] . Fouad A. S. Soliman **e Karima A. Mahmoud, "Veículos Operação num futuro não poluído".** Livro publicado Lambert Academic Publishing, Omni-Scriptum, GmbH and Co. KG. Dez. 2023. ISBN: 978-620-7-45399-3.

[93] . Fouad A. S. Soliman **e Karima A. Mahmoud, "World of Fotónica".** Livro publicado Lambert Academic Publishing, Omni- Scriptum, GmbH and Co. KG. dezembro de 2023.
 ISBN: 978-620-7-45399-3.

[94] . Fouad A. S. Soliman **e Karima A. Mahmoud, "Eletrónica e Informática para eleições justas".** Livro publicado Publicação académica, Omni-Scriptum, GmbH e Co. KG. Dez.

2023. ISBN: 978-620-7-474783.

[95] . Fouad A. S. Soliman e **Karima A. Mahmoud, "Phosphates, Ácidos Fosfóricos e Células Fule".** Livro publicado Lambert Academic Publishing, Omni-Scriptum, GmbH and Co. KG. dezembro de 2023.
ISBN: 978-620-7-484935.

[96] . Fouad A. S. Soliman, e **Karima A. Mahmoud, "Waste Heat Recovery for Power Generation Applications".** Livro publicado Lambert Academic Publishing, Omni-Scriptum, GmbH and Co. KG. dezembro de 2023.
ISBN: 978-620-7-48768-4.

[97] . Fouad A. S. Soliman, e **Karima A. Mahmoud, "Solar Energy Engenharia".** Livro publicado Lambert Academic Publishing, Omni- Scriptum, GmbH and Co. KG, maio de 2024.
ISBN: 978-620-7-64062-1.

[98] . Fouad A. S. Soliman, e **Karima A. Mahmoud, "New Look to the O mundo da energia negra e dos materiais".** Livro publicado Lambert Academic Publishing, Omni-Scriptum, GmbH and Co. KG, junho de 2024. ISBN: 978-620-7-64872-6.

Karima A. Mahmoud
Investigadora de Física

[1] . **Fouad A. S. Soliman** e Karima A. Mahmoud, **"Future of Materiais Compostos"** Livro publicado, Lambert Academic Publishing, Omni-Scriptum GmbH and Co. KG, julho de 2019. ISBN 978-620-0-24780-3.

[2] . **Fouad A. S. Soliman** e Karima A. Mahmoud, **"Neurons Modeling e Circuitos Eléctricos Equivalentes",** Publicação, Omni-Scriptum GmbH and Co. KG, agosto de 2019.
ISBN 978-620-0-29375-6.

[3] . **Fouad A. S. Soliman** e Karima A. Mahmoud **"Future of Electron Beam Applications",** Publishing, Omni-Scriptum GmbH and Co. KG,

setembro de 2019.

ISBN 978-620-0-43740-2.

[4] . Fouad A.S.Soliman e Karima A. Mahmoud, "Renewable Energy
 and the Future of Human Life", Livro publicado Lambert Academic Publishing, Omni-Scriptum GmbH and Co. KG, fevereiro de 2020.
ISBN 978-620-0-53632-7.

[5] . Fouad A. S. Soliman, Karima A. Mahmoud e Amira Abdel-magid,
"Projeções, desenvolvimentos e explorações de recursos de energia renovável" Livro publicado, Lambert Academic Publishing, Omni Scriptum GmbH and Co. KG, março de 2020.
ISBN 978-620-065158-7.

[6] . Fouad A. A. Soliman, Wafaa Abd El-Basit e Karima A. Mahmoud,
"Smart Photo-voltaic Technologies and the Future of Energy", livro publicado, Lambert Academic Publishing, Omni-Scriptum GmbH and Co. KG, março de 2020.
ISBN 978-620-251267-1

[7] . Fouad A. S. Soliman, Sanaa A.Kamh e Karima A. Mahmoud",
Tecnologia de hardware de código aberto, livro publicado, Lambert Academic Publishing, Omni-Scriptum GmbH and Co. KG, abril de 2020. ISBN 978-620-2-51639-6.

[8] . Fouad A. S. Soliman e Karima A. Mahmoud, "New Trends in
 Renewable Energy for Humanity Benefits", livro publicado, Lambert Academic Publishing, Omni-Scriptum GmbH and Co. KG, maio de 2020. ISBN 978-620-2-51887-1.

[9] . Fouad A. S. Soliman, Ashraf M. Abdel-maksoud e Karima A.
Mahmoud," Energy Storage, Transmission and Monitoring", Livro publicado, Lambert Academic Publishing, Omni-Scriptum GmbH and Co. K.G., maio de 2020.
ISBN 978-6213-94971-2.

[10] . Fouad A. S. Soliman, Karima A. Mahmoud e Amira Abdel-Magid,
"Projecções, desenvolvimentos e explorações de recursos energéticos renováveis" Livro publicado, Lambert Academic

Publishing, Omni- Scriptum GmbH and Co. KG, março de 2020. ISBN 978-620-065158-7.

[11] . **Fouad A. A. Soliman**, Wafaa Abd El-Basit e Karima A. Mahmoud"

   Smart Photovoltaic Technologies and the Future of Energy", livro publicado, Lambert Academic Publishing, Omni-Scriptum GmbH and Co. KG, março de 2020. ISBN 978-620-251267-1

[12] . **Fouad A. S. Soliman, Sanaa A. Kamh e** Karima A. Mahmoud",

   Tecnologia de Hardware de Código Aberto, Livro Publicado, Lambert Academic Publishing, Omni-Scriptum GmbH and Co. KG, abril de 2020. ISBN 978-620-2-51639-6

[13] . Fouad A. S. Soliman e Karima A. Mahmoud, **"New Trends in**

   Renewable Energy for Humanity Benefits", livro publicado, Lambert Academic Publishing, Omni-Scriptum GmbH and Co. KG, maio de 2020. ISBN 978-620-2-51887-1.

[14] . **Fouad A. S. Soliman, Ashraf M. Abdel-maksoud e** Karima A.

   Mahmoud, **"Energy Storage, Transmission and Monitoring",** Livro publicado, Lambert Academic Publishing, Omni-Scriptum GmbH and Co. KG, maio de 2020. ISBN 978-613-4-94971-2.

[15] . **Fouad S. S. Soliman, e** Karima A. Mahmoud, **"Climate Effects on**

   PV-Systems and their Maintenance and Recycling", livro publicado, Lambert Academic Publishing, Omni-Scriptum GmbH and Co. KG, junho de 2020. ISBN 978-620-2-56451-9.

[16] . **Fouad A. S. Soliman, Safaa M. El-Ghanam e** Karima A. Mahmoud, **"The World of Gel Technologies",** livro publicado, Lambert Academic Publishing, Omni-Scriptum GmbH and Co. KG, agosto de 2020. ISBN 978-620-2-68432-3.

[17] . **Fouad A. S. Soliman, Ashraf M. Abedel-maksoud e** Karima A.

   Mahmoud",**Technologies of Stand-alone and Distributed Energy Systems",** Livro publicado, Lambert Academic

Publishing, Omni- Scriptum GmbH and Co. KG, setembro de 2020.
ISBN 978-620-0-50455-6.

[18] . **Fouad A. S. Soliman, Ashraf M. Abedel-maksoud e** Karima A.
Mahmoud**", Technology and Future of Nano-fluids", **Livro publicado, Lambert Academic Publishing, Omni-Scriptum GmbH and Co. KG, setembro de 2020.
ISBN 978-620-2-80132-4.

[19] . **Fouad A. S. Soliman, Sanaa A.** Kamh e Karima A. Mahmoud,
"New Trends in Micro-and Hybrid- Energy Grids", livro publicado, Lambert Academic **Publishing**, Omni-Scriptum GmbH and Co. KG, dezembro de 2020.
ISBN 978-620-2-92022-3.

[20] . **Fouad A. S. Soliman, Safaa R. El-Ghanam e** Karima A. Mahmoud, **"New Trends in Photovoltaic System", livro** publicado, **Lambert Academic Publishing, Omni-Scriptum GmbH and Co,**
K.G. Dez. 2020.
ISBN 978-620-3-47075-8.

[21] . **Fouad A. S. Soliman, Hamed I. E. Mira e** Karima A. Mahmoud,
**"Pneus de sucata entre as tecnologias de reciclagem e bioenergia", **Livro publicado Lambert Academic Publishing, Omni-Scriptum GmbH and Co. KG, março de 2021.
ISBN 978-620-57464-7.

[22] . **Fouad A. S. Soliman e** Karima A. Mahmoud, **"Automatic Moni
toring of PV-Systems', **Livro publicado Lambert Academic. Publishing, Omni-Scriptum GmbH and Co. KG, setembro de 2021.
ISBN 978-620-3-58196-6.

[23] . **Fouad A. S. Soliman, Hamed I. E. Mira e** Karima A. Mahmoud,
**"Hidrogénio: The Future of Non-carbon Fuel", **Livro publicado Lambert Academic Publishing, Omni-Scriptum GmbH and Co. KG, outubro de 2021.
ISBN 978-620-40 20741-4.

[24] . **Fouad A. S. Soliman, e** Karima A. Mahmoud, "Unmanned Aerial

Vehicle Applications and Development towards Few Grams Weight", Livro publicado Lambert Academic Publishing, Omni-Scriptum, GmbH and Co. KG, outubro de 2022. ISBN: 978-620-4-980669.

[25] . **Fouad A. S. Soliman, e** Karima A. Mahmoud, "The Benefits of

Plastic and its Imminent Dangers to Humanity", Livro publicado Lambert Academic Publishing, Omni-Scriptum, GmbH and Co. KG, outubro de 2022. ISBN: 978-620-5622472.

[26] . **Fouad A. S. Soliman, e** Karima A. Mahmoud, **"Advanced Technologies for Gold Prospection and Mining",** Livro publicado Lambert Academic Publishing Omni-Scriptum, GmbH and Co. KG, fevereiro de 2023. ISBN: 978-620-6142263.

[27] . **Fouad A. S. Soliman e** Karima A. Mahmoud, **"Neuro-linguistic**

Programação", Livro publicado Lambert Academic Publishing, Omni- Scriptum, GmbH and Co. KG, março de 2023. ISBN: 978-620-14432.

[28] . **Fouad A. S. Soliman e** Karima A. Mahmoud, **"Global Energy**

Interligação e prática". Livro publicado Lambert Academic Publishing, Omni-Scriptum, GmbH and Co. KG, abril de 2023. ISBN: 978-6206-153573.

[29] . **Fouad A. S. Soliman, Hamid I. E. Mira e** Karima A. Mahmoud,

"Uma visão do mundo da tecnologia da energia eólica". Livro publicado Lambert Academic Publishing, Omni- Scriptum, GmbH and Co. KG. setembro de 2023. ISBN: 978-6206-781967.

[30] . **Fouad A. S. Soliman, Wafaa A. Zekri e** Karima A. Mahmoud, **Papel**

do Hidrogénio na Vida Humana". Livro publicado Lambert Academic Publishing, Omni-Scriptum, GmbH and Co. KG. setembro de 2023. ISBN: 978-6206-78625-2.

[31] . Fouad A. S. Soliman e Karima A. Mahmoud, "Future of
Energia Renovável e Técnicas de Armazenamento". Livro
publicado Lambert Academic Publishing, Omni-Scriptum,
GmbH and Co. KG. setembro de 2023.
ISBN: 978-6206-790570.

[32] . Fouad A. S. Soliman, Hamid I. E. Mira e Karima A.
Mahmoud,
"Importância, Pobreza, Transmissão, Segurança das
Energias Renováveis". Livro publicado Lambert Academic
Publishing, Omni- Scriptum, GmbH and Co. KG. setembro de
2023.
ISBN: 978-6206-8433513.

[33] . Fouad A. S. Soliman, Hamid I. E. Mira e Karima A.
Mahmoud,
"Rumo a 100 % de energias renováveis". Livro publicado
Lambert Academic Publishing, Omni-Scriptum, GmbH and Co.
KG. Dez. 2023. ISBN: 978-620-7-44774-9.

[34] . Fouad A. S. Soliman e Karima A. Mahmoud, "Operação de
veículos
Um futuro não poluído". Livro publicado Lambert Academic
Publishing, Omni-Scriptum, GmbH and Co. KG. dezembro de
2023.
ISBN: 978-620-7-45399-3.

[35] . Fouad A. S. Soliman e Karima A. Mahmoud, "World of
Fotónica". Livro publicado Lambert Academic Publishing,
Omni- Scriptum, GmbH and Co. KG. dezembro de 2023.
ISBN: 978-620-7-467945.

[36] . Fouad A. S. Soliman e Karima A. Mahmoud, "Eletrónica e
Informática para eleições justas". Livro publicado Lambert
Academic Publishing, Omni-Scriptum, GmbH and Co. KG.
Dez. 2023. ISBN: 978-620-7-474783.

[37] . Fouad A. S. Soliman e Karima A. Mahmoud, "Phosphates,
Ácidos Fosfóricos e Células Fule". Livro publicado Lambert
Academic Publishing, Omni-Scriptum, GmbH and Co. KG.
dezembro de 2023.
ISBN: 978-620-7-484935.

[38] . Fouad A. S. Soliman, e Karima A. Mahmoud, "Waste Heat
Recovery for Power Generation Applications". Livro publicado
Lambert Academic Publishing, Omni-Scriptum, GmbH and Co. KG.

Dez. 2023. ISBN: 978-620-7-48768-4.

[39] . Fouad A. S. Soliman, e Karima A. Mahmoud, "Solar Energy Engin
eering". Livro publicado Lambert Academic Publishing, Omni-Scriptum, GmbH and Co. KG, maio de 2024. ISBN: 978-620-7-64062-1.

[40] . Fouad A. S. Soliman, e Karima A. Mahmoud, "New Look to the
O mundo da energia negra e dos materiais". Livro publicado Lambert Academic Publishing, Omni-Scriptum, GmbH and Co. KG, junho de 2024. ISBN: 978-620-7-64872-6.

Agradecimentos

Estamos ajoelhados em obediência a ALLAH, agradecendo-lhe por me ter mostrado o caminho certo. Sem a ajuda de Deus, os nossos esforços ter-se-iam perdido. Foi com a graça de Deus que conseguimos alcançar este grande feito. Agradeça também a uma pessoa que amamos muito, o Profeta Maomé {que Deus o louve e lhe dê paz}.

Gostaríamos também de expressar a nossa mais profunda gratidão a:

- Nuclear Materials Authority, Cairo, Egipto.
Funcionário dos diferentes sectores.

- Women College for Arts, Science, and Education, Ain-shams University, Cairo, Egipto
Membros do pessoal do Departamento de Física e do Laboratório de Investigação em Eletrónica.

- Centro Nacional de Investigação e Tecnologia das Radiações, Cairo, Egipto **Membros do pessoal do Departamento de Física das Radiações.**

- Membros do pessoal do Centro Egípcio de Estudos Económicos, Investigação Científica e Ambiental e Desenvolvimento.

Resumo

A utilização crescente da inteligência artificial no século XXI está a influenciar o seguinte

- uma mudança social e económica no sentido de uma maior automatização,
  - tomada de decisões baseada em dados, e
  - a integração de sistemas de IA em vários sectores económicos e áreas da vida,
  - com impacto nos mercados de trabalho,
  - cuidados de saúde,
  - governo,
  - indústria, e
  - educação.

Isto levanta questões sobre:

- os efeitos a longo prazo,
- implicações éticas, e
- riscos da IA, suscitando debates sobre políticas regulamentares para garantir a segurança e os benefícios da tecnologia.

Os vários subcampos da investigação em IA centram-se em objectivos específicos e na utilização de ferramentas específicas. Neste contexto, os objectivos tradicionais da investigação em IA incluem:

- raciocínio,
- representação do conhecimento,
- planeamento,
- aprendizagem,
- processamento de linguagem natural,
- perceção, e
- apoio à robótica.

A inteligência geral - a capacidade de realizar qualquer tarefa executável por um ser humano a um nível pelo menos igual - é um dos objectivos a longo prazo deste domínio.

Para atingir estes objectivos, os investigadores de IA adaptaram e integraram uma vasta gama de técnicas, incluindo:

- pesquisa e otimização matemática,

- lógica formal,
- redes neurais artificiais e métodos baseados na estatística,

  - investigação operacional e economia.
  - A IA também se baseia na psicologia
    - linguística,
    - filosofia,
    - neurociência, e
    - outros domínios.

Palavras-chave

Inteligência artificial (IA), sentido mais amplo, inteligência, exibida, máquinas, particularmente, sistemas de computador, campo, pesquisa, em, ciência da computação, desenvolve, estudos, métodos, software, permitir, máquinas, perceber, ambiente, usa, aprendizagem, inteligência, tomar, ações, maximizar, chances, alcançar, definido, metas, tais, máquinas, tecnologia de IA, amplamente, usado, em toda a, indústria, governo, ciência, alguns, alto perfil, aplicações, incluem, avançados motores de busca na web, sistemas de recomendação, usado, YouTube, Amazon, Netflix, interagindo, via, fala, humana, assistente Google, Siri, e Alexa, veículos autónomos, Waymo, ferramentas generativas e criativas, Chat - GPT, sobre-humano, jogar, análise, jogos de estratégia, no entanto, muitas aplicações de IA, percebidas, IA de ponta, tem, filtrado, em, aplicações gerais, muitas vezes, sem, ser, chamado, IA, porque, uma, vez, que, alguma, coisa, se, torna, útil, suficiente, comum, primeira, pessoa, conduta, sub stantial, pesquisa, campo, chamado, inteligência de máquina, inteligência artificial, foi, fundada, disciplina académica, campo, passou, através, de, múltiplos, ciclos, de, otimismo, seguidos, por, períodos, de desilusão, perda, financiamento, conhecido, inverno da IA, financiamento, interesse, vastamente, aumentado, depois, aprendizagem profunda, ultrapassou, anterior, técnicas de IA, depois, arquitetura transformadora, levou, boom da IA, cedo, empresas, universidades, laboratórios ratórios, sobre, esmagadoramente, baseados, pioneiros, avanços, significativos, na inteligência artificial, crescente, uso, século, influenciando, mudança, social e económica, para, automação, vários, sectores, económicos, áreas, da, vida, com, impacto, nos, mercados, de, trabalho, saúde, governo, indústria, educação, levanta, questões, sobre, os, efeitos, a, longo, prazo, implicações, éticas, suscitando, discussões, sobre, políticas, regulamentares, que, garantam, segurança, e, benefícios, tecnológicos, vários, subcampos, de, investigação, em, IA, centrados, em, torno, de, objectivos, particulares, utilização, particulares, de, ferramentas, objectivos, tradicionais, incluem, raciocínio, representação, do, conhecimento, planeamento, aprendizagem, processamento, de, linguagem, natural, perceção, apoio, à, robótica. inteligência geral, capacidade, completar, tarefa, executável, humana, pelo menos, igual nível, entre, os, objectivos de longo prazo do campo, alcançar estes objectivos, os investigadores de IA, têm, adaptado, integrado, uma vasta, gama, de, técnicas, incluindo, pesquisa e otimização matemática, lógica formal, redes neurais artificiais, métodos, baseados, em, estatística, investigação operacional, economia, baseia-se, em, psicologia, linguística, filosofia, neurociência, e outros domínios, problema geral, simular, criar, inteligência, foi, dividido, em, subproblemas, estes, consistem, em, traços, particulares, capacidades, investigadores, esperam, sistema inteligente, exibir, descrito, abaixo, têm, recebido, mais, atenção, abranger, âmbito, e investigação IA.

Índice

Capítulo 1: Inteligência Artificial

1.1. Prefácio

A inteligência artificial (IA), no seu sentido mais lato, é a inteligência exibida pelas máquinas, nomeadamente pelos sistemas informáticos. É um campo de investigação em ciências informáticas que desenvolve e estuda métodos e software que permitem às máquinas perceber o seu ambiente e utilizar a aprendizagem e a inteligência para tomar medidas que maximizem as suas hipóteses de atingir objectivos definidos [1]. Estas máquinas podem ser designadas por IAs.

A tecnologia de IA é amplamente utilizada na indústria, no governo e na ciência. Algumas das aplicações mais conhecidas incluem motores de pesquisa avançados na Web (por exemplo, a Pesquisa Google); sistemas de recomendação (utilizados pelo YouTube, Amazon e Netflix); interação através da fala humana (por exemplo, Google Assistant, Siri e Alexa); veículos autónomos (por exemplo, Waymo); ferramentas generativas e criativas (por exemplo, ChatGPT e arte com IA); e jogo e análise sobre-humanos em jogos de estratégia (por exemplo, xadrez e Go) [2]. No entanto, muitas aplicações de IA não são entendidas como IA: "Muita IA de ponta foi filtrada para aplicações gerais, muitas vezes sem ser designada por IA, porque quando algo se torna suficientemente útil e comum, deixa de ser designado por IA" [3, 4].

Alan Turing foi a primeira pessoa a realizar uma investigação substancial no domínio que designou por inteligência artificial [5]. A

inteligência artificial foi fundada como disciplina académica em 1956
[6]. O campo passou por vários ciclos de otimismo [7, 8], seguidos de
períodos de desilusão e perda de financiamento, conhecidos como
inverno da IA [9, 10]. O financiamento e o interesse aumentaram
consideravelmente depois de 2012, quando a aprendizagem profunda
ultrapassou todas as técnicas de IA anteriores [11], e depois de 2017,
com a arquitetura transformer [12]. Esta situação conduziu ao boom da
IA no início da década de 2020, com empresas, universidades e
laboratórios maioritariamente sediados nos Estados Unidos a serem
pioneiros em avanços significativos no domínio da inteligência
artificial [13].

A utilização crescente da inteligência artificial no século XXI está a
influenciar uma mudança social e económica no sentido de uma maior
automatização, da tomada de decisões baseada em dados e da
integração de sistemas de IA em vários sectores económicos e áreas da
vida, com impacto nos mercados de trabalho, nos cuidados de saúde, na
administração pública, na indústria e na educação. Esta situação levanta
questões sobre os efeitos a longo prazo, as implicações éticas e os riscos
da IA, suscitando debates sobre políticas regulamentares para garantir
a segurança e os benefícios da tecnologia.

Os vários subcampos da investigação em IA centram-se em
objectivos específicos e na utilização de ferramentas específicas. Os
objectivos tradicionais da investigação em IA incluem o raciocínio, a
representação do conhecimento, o planeamento, a aprendizagem, o
processamento da linguagem natural, a perceção e o apoio à robótica.
A inteligência geral - a capacidade de realizar qualquer tarefa
executável por um humano a um nível pelo menos igual - é um dos
objectivos a longo prazo deste domínio [14]. Para atingir estes
objectivos, os investigadores de IA adaptaram e integraram uma vasta
gama de técnicas, incluindo a pesquisa e a otimização matemática, a
lógica formal, as redes neuronais artificiais e os métodos baseados na
estatística, na investigação operacional e na economia. A IA baseia-se
na psicologia, na linguística, na filosofia, na neurociência e noutros
domínios [15].

1.2. Capacidades

O problema geral da simulação (ou criação) da inteligência foi dividido em subproblemas. Estes consistem em características ou capacidades específicas que os investigadores esperam que um sistema inteligente apresente. As características descritas a seguir foram as que receberam mais atenção e abrangem o âmbito da investigação sobre IA.

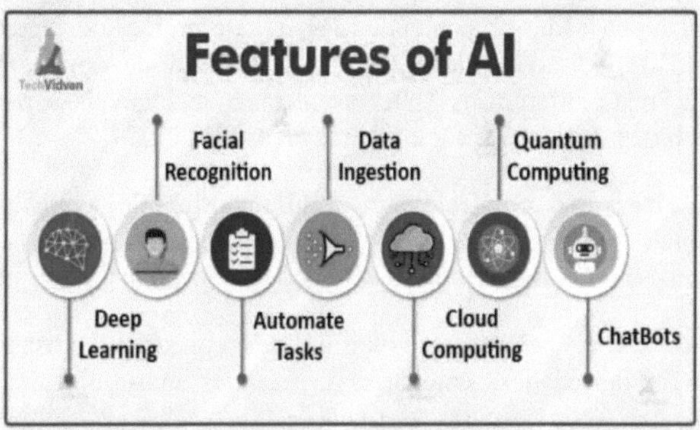

1.2.1. Raciocínio e resolução de problemas

Os primeiros investigadores desenvolveram algoritmos que imitavam o raciocínio passo a passo que os humanos utilizam quando resolvem puzzles ou fazem deduções lógicas [16]. No final da década de 1980 e na década de 1990, foram desenvolvidos métodos para lidar com informação incerta ou incompleta, empregando conceitos de probabilidade e economia [17].

Muitos destes algoritmos são insuficientes para resolver problemas de raciocínio de grande dimensão porque sofrem uma "explosão combinatória": Tornam-se exponencialmente mais lentos à medida que os problemas crescem [18]. Mesmo os seres humanos raramente utilizam a dedução passo a passo que a investigação inicial em IA podia modelar. Resolvem a maior parte dos seus problemas recorrendo a juízos rápidos e intuitivos [19]. O raciocínio exato e eficiente é um problema por resolver.

1.2.2. Representação do conhecimento

Uma ontologia representa o conhecimento como um conjunto de

conceitos num domínio e as relações entre esses conceitos. A representação do conhecimento e a engenharia do conhecimento [20] permitem que os programas de IA respondam a perguntas de forma inteligente e façam deduções sobre factos do mundo real. As representações formais do conhecimento são utilizadas na indexação e recuperação baseadas no conteúdo [21], na interpretação de cenas [22], no apoio à decisão clínica [23], na descoberta de conhecimentos (exploração de inferências "interessantes" e accionáveis a partir de grandes bases de dados) [24] e noutras áreas [25].

Uma base de conhecimento é um corpo de conhecimento representado numa forma que pode ser usada por um programa. Uma ontologia é o conjunto de objectos, relações, conceitos e conceitos de

As bases de conhecimento precisam de representar coisas como objectos, propriedades, categorias e relações entre objectos [27]; situações, eventos, estados e tempo [28]; causas e efeitos [29]; conhecimento sobre o conhecimento (o que sabemos sobre o que é) [30]. As bases de conhecimentos têm de representar coisas como objectos, propriedades, categorias e relações entre objectos [27]; situações, eventos, estados e tempo [28]; causas e efeitos [29]; conhecimento sobre conhecimento (o que sabemos sobre o que as outras pessoas sabem) [30]; raciocínio por defeito (coisas que os seres humanos assumem como verdadeiras até que lhes seja dito o contrário e que continuarão a ser verdadeiras mesmo quando outros factos mudam) [31]; e muitos outros aspectos e domínios do conhecimento.

Entre os problemas mais difíceis na representação do conhecimento contam-se a amplitude do conhecimento de senso comum (o conjunto de factos atómicos que uma pessoa média conhece é enorme) [32]; e a forma sub-simbólica da maior parte do conhecimento de senso comum (muito do que as pessoas sabem não é representado como "factos" ou "afirmações" que possam exprimir verbalmente) [19]. Há também a dificuldade de aquisição de conhecimentos, o problema de obter conhecimentos para aplicações de IA.

1.2.3. Planeamento e tomada de decisões

Um "agente" é qualquer coisa que percebe e realiza acções no mundo. Um agente racional tem objectivos ou preferências e toma medidas para os concretizar [35]. No planeamento automatizado, o agente tem um objetivo específico [36]. Na tomada de decisões automatizada, o agente tem preferências - há algumas situações em que prefere estar e outras que tenta evitar. O agente decisor atribui um número a cada situação (chamado "utilidade") que mede o quanto o agente a prefere. Para cada ação possível, pode calcular a "utilidade esperada": a utilidade de todos os resultados possíveis da ação, ponderada pela probabilidade de ocorrência do resultado. Pode então escolher a ação com a utilidade esperada máxima [37].

No planeamento clássico, o agente sabe exatamente qual será o efeito de qualquer ação [38]. No entanto, na maioria dos problemas do mundo real, o agente pode não ter a certeza sobre a situação em que se encontra (é "desconhecida" ou "não observável") e pode não saber ao certo o que acontecerá após cada ação possível (não é "determinista"). Deve escolher uma ação através de um palpite probabilístico e, em seguida, reavaliar a situação para ver se a ação funcionou [39].

Em alguns problemas, as preferências do agente podem ser incertas, especialmente se houver outros agentes ou seres humanos envolvidos. As preferências do agente podem ser aprendidas (por exemplo, com a aprendizagem por reforço inverso), ou o agente pode procurar informação para melhorar as suas preferências [40]. A teoria do valor da informação pode ser utilizada para avaliar o valor das acções exploratórias ou experimentais [41]. O espaço de possíveis acções e situações futuras é normalmente intratável, pelo que os agentes têm de tomar medidas e avaliar situações sem saberem ao certo qual será o resultado.

Um processo de decisão de Markov tem um modelo de transição que descreve a probabilidade de uma determinada ação alterar o estado de uma determinada forma e uma função de recompensa que fornece a utilidade de cada estado e o custo de cada ação. Uma política associa uma decisão a cada estado possível. A política pode ser calculada (por exemplo, por iteração), ser heurística ou pode ser aprendida [42]. A teoria dos jogos descreve o comportamento racional de múltiplos agentes em interação e é utilizada em programas de IA que tomam decisões que envolvem outros agentes [43].

1.2.4. Aprendizagem

A aprendizagem automática é o estudo de programas que podem melhorar automaticamente o seu desempenho numa determinada tarefa [44]. Faz parte da IA desde o início.

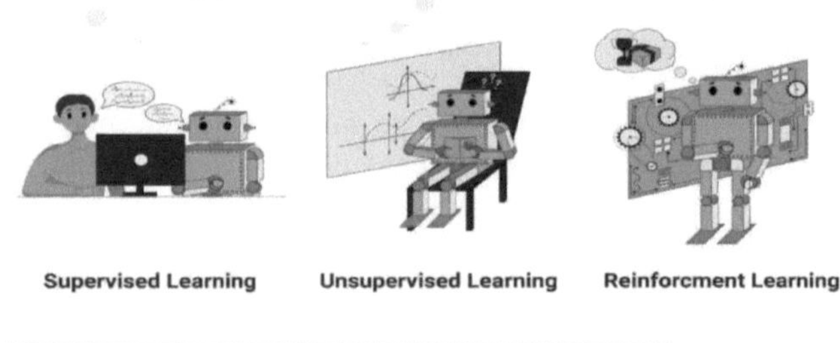

Existem vários tipos de aprendizagem automática. A aprendizagem não supervisionada analisa um fluxo de dados e encontra padrões e faz previsões sem qualquer outra orientação
[47] . A aprendizagem supervisionada exige que um ser humano rotule primeiro os dados de entrada e tem duas variedades principais: classificação (em que o programa tem de aprender a prever a categoria a que pertence a entrada) e regressão (em que o programa tem de deduzir uma função numérica com base numa entrada numérica) [48].

Na aprendizagem por reforço, o agente é recompensado pelas boas respostas e punido pelas más. O agente aprende a escolher respostas que são classificadas como "boas" [49]. A aprendizagem por transferência ocorre quando o conhecimento adquirido num problema é aplicado a um novo problema [50]. A aprendizagem profunda é um tipo de aprendizagem automática que faz passar os dados por redes neuronais artificiais de inspiração biológica para todos estes tipos de aprendizagem [51].

A teoria da aprendizagem computacional pode avaliar os alunos pela complexidade computacional, pela complexidade da amostra (quantos dados são necessários) ou por outras noções de otimização [52].

1.2.4. Processamento de linguagem natural

O processamento da linguagem natural (PNL) [53] permite que os programas leiam, escrevam e comuniquem em línguas humanas, como o inglês. Os problemas específicos incluem o reconhecimento da fala, a síntese da fala, a tradução automática, a extração de informação, a recuperação de informação e a resposta a perguntas [54].

Os primeiros trabalhos, baseados na gramática generativa e nas redes semânticas de Noam Chomsky, tiveram dificuldades com a desambiguação do sentido das palavras, a menos que se restringissem a pequenos domínios chamados "micromundos" (devido ao problema do conhecimento do senso comum [32]). Margaret Masterman acreditava que a chave para a compreensão das línguas era o significado e não a gramática, e que os thesauri e não os dicionários deviam ser a base da estrutura linguística computacional.

As técnicas modernas de aprendizagem profunda para a PNL incluem a incorporação de palavras (representação de palavras, normalmente como vectores que codificam o seu significado) [55], transformadores (uma arquitetura de aprendizagem profunda que utiliza um mecanismo de atenção) [56] e outros [57]. Em 2019, os modelos de linguagem de transformador generativo pré-treinado (ou "GPT") começaram a gerar texto coerente [58, 59] e, em 2023, esses modelos conseguiram obter pontuações de nível humano no exame da ordem, no teste SAT, no teste GRE e em muitas outras aplicações do mundo real [60].

1.2.5. Perceção

A perceção artificial é a capacidade de utilizar a entrada de dados de sensores (como câmaras, microfones, sinais sem fios, sensores activos lidar, sonar, radar e tácteis) para deduzir aspectos do mundo. A visão por computador é a capacidade de analisar a entrada visual [61].

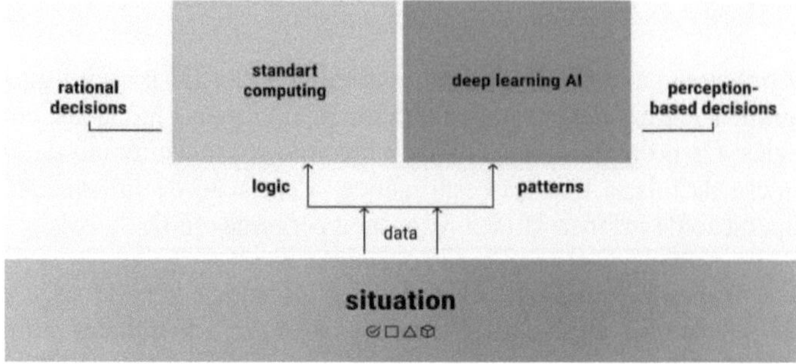

Este domínio inclui o reconhecimento da fala [62], a classificação de imagens [63], o reconhecimento facial, o reconhecimento de objectos [64] e a perceção robótica [65].

1.2.6. Inteligência social

Kismet, uma cabeça de robot fabricada nos anos 90; uma máquina capaz de reconhecer e simular emoções [66].

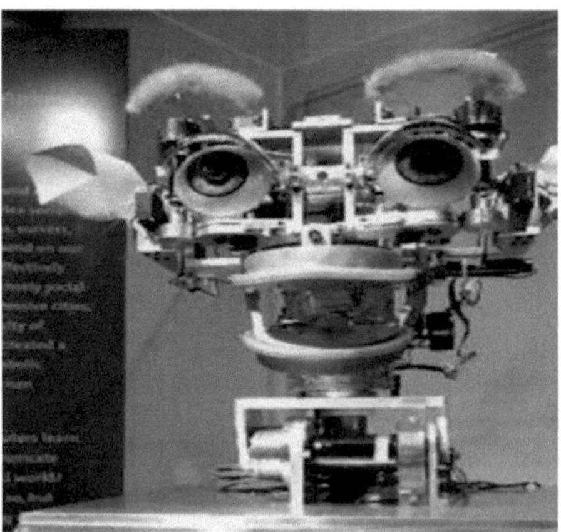

A computação afectiva é um conjunto interdisciplinar que inclui sistemas que reconhecem, interpretam, processam ou simulam sentimentos, emoções e estados de espírito humanos [67]. Por exemplo, alguns assistentes virtuais são programados para falar de forma coloquial ou mesmo humorística; isto faz com que pareçam mais sensíveis à dinâmica emocional da interação humana, ou para facilitar a interação humano-computador. No entanto, isto tende a dar aos utilizadores ingénuos uma conceção irrealista da inteligência dos agentes informáticos existentes [68]. Os sucessos moderados relacionados com a computação afectiva incluem a análise do sentimento textual e, mais recentemente, a análise do sentimento multimodal, em que a IA classifica os afectos exibidos por um sujeito gravado em vídeo [69].

1.2.7. Inteligência geral

Uma máquina com inteligência artificial geral deve ser capaz de resolver uma grande variedade de problemas com uma amplitude e versatilidade semelhantes às da inteligência humana [14].

1.3. Técnicas

A investigação em IA utiliza uma grande variedade de técnicas para atingir os objectivos acima referidos.

1.3.1. Pesquisa e otimização

A IA pode resolver muitos problemas através de uma pesquisa inteligente de muitas soluções possíveis [70]. Há dois tipos muito diferentes de pesquisa utilizados na IA: a pesquisa no espaço de estados e a pesquisa local.

1.3.2. Pesquisa no espaço de estados

A pesquisa no espaço de estados procura através de uma árvore de estados possíveis para tentar encontrar um estado objetivo [71]. Por exemplo, os algoritmos de planeamento pesquisam através de árvores de objectivos e subobjectivos, tentando encontrar um caminho para um objetivo-alvo, um processo designado por análise de meios-fins [72].

As pesquisas exaustivas simples [73] raramente são suficientes para a maioria dos problemas do mundo real: o espaço de pesquisa (o número de locais a pesquisar) cresce rapidamente para números astronómicos. O resultado é uma pesquisa demasiado lenta ou que nunca se completa [18]. As "heurísticas" ou "regras de ouro" podem ajudar a dar prioridade às escolhas que têm maior probabilidade de atingir um objetivo [74].

A pesquisa adversarial é utilizada em programas de jogo, como o xadrez ou o Go. Procura através de uma árvore de possíveis movimentos e contra-movimentos, procurando uma posição vencedora [75].

1.3.3. Pesquisa local

A pesquisa local utiliza a otimização matemática para encontrar uma solução para um problema. Começa com uma espécie de suposição e vai-a aperfeiçoando progressivamente [76].

A descida de gradiente é um tipo de pesquisa local que optimiza um conjunto de parâmetros numéricos, ajustando-os gradualmente para minimizar uma função de perda. As variantes da descida de gradiente são normalmente utilizadas para treinar redes neuronais [77]. Outro tipo de pesquisa local é a computação evolutiva, que visa melhorar iterativamente um conjunto de soluções candidatas através da "mutação" e "recombinação" das mesmas, seleccionando apenas as mais aptas para sobreviver a cada geração [78].

Os processos de pesquisa distribuída podem ser coordenados através de algoritmos de inteligência de enxame. Dois algoritmos de enxame populares utilizados na pesquisa são a otimização por enxame de partículas (inspirada na revoada de pássaros) e a otimização por colónia de formigas (inspirada nos rastos de formigas) [79].

1.3.4. Lógica

A lógica formal é utilizada para o raciocínio e a representação do conhecimento [80]. A lógica formal apresenta-se sob duas formas principais: a lógica proposicional (que opera sobre afirmações que são verdadeiras ou falsas e utiliza conectivos lógicos como "e", "ou", "não" e "implica") [81] e a lógica de predicados (que também opera sobre objectos, predicados e relações e utiliza quantificadores como "Todo o X é um Y" e "Existem alguns Xs que são Ys") [82].

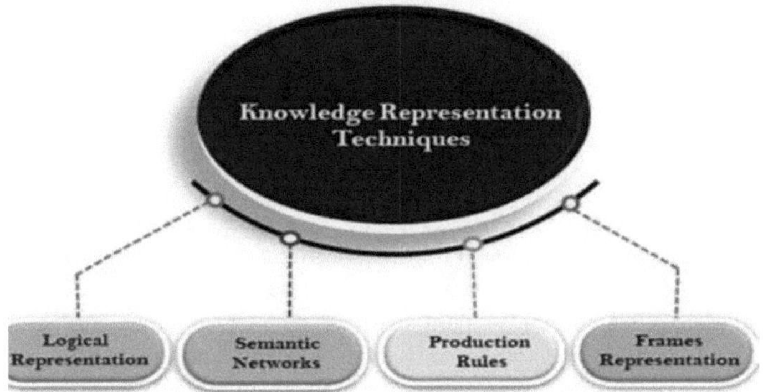

O raciocínio dedutivo em lógica é o processo de provar uma nova afirmação (conclusão) a partir de outras afirmações que são dadas e assumidas como verdadeiras (as premissas) [83]. As provas podem ser estruturadas como árvores de provas, em que os nós são rotulados por frases e os nós filhos estão ligados aos nós pais por regras de inferência.

Dado um problema e um conjunto de premissas, a resolução de problemas reduz-se à procura de uma árvore de provas cujo nó raiz é rotulado por uma solução do problema e cujos nós folha são rotulados por premissas ou axiomas. No caso das cláusulas de Horn, a procura de soluções de problemas pode ser efectuada raciocinando para a frente a partir das premissas ou para trás a partir do problema [84]. No caso mais geral da forma clausal da lógica de primeira ordem, a resolução é uma regra de inferência única, sem axiomas, em que um problema é resolvido provando uma contradição a partir de premissas que incluem a negação do problema a resolver [85].

A inferência tanto na lógica de cláusulas de Horn como na lógica de primeira ordem é indecidível e, por conseguinte, intratável. No entanto, o raciocínio para trás com cláusulas de Horn, que está na base da computação na linguagem de programação lógica Prolog, é Turing completo. Além disso, a sua eficiência é competitiva com a computação noutras linguagens de programação simbólicas [86].

A lógica difusa atribui um "grau de verdade" entre 0 e 1, pelo que pode lidar com proposições vagas e parcialmente verdadeiras [87].

As lógicas não-monotónicas, incluindo a programação lógica com negação como falha, foram concebidas para lidar com o raciocínio por defeito [31]. Foram desenvolvidas outras versões especializadas da lógica para descrever muitos domínios complexos.

1.3.5. Métodos probabilísticos para raciocínio incerto

Muitos problemas de IA (incluindo o raciocínio, o planeamento, a aprendizagem, a perceção e a robótica) exigem que o agente opere com informações incompletas ou incertas. Os investigadores de IA criaram uma série de ferramentas para resolver estes problemas, utilizando métodos da teoria das probabilidades e da economia [88]. Foram desenvolvidas ferramentas matemáticas precisas que analisam a forma como um agente pode fazer escolhas e planear, utilizando a teoria da decisão, a análise da decisão [89] e a teoria do valor da informação [90]. Estas ferramentas incluem modelos como os processos de decisão de Markov [91], as redes de decisão dinâmicas [92], a teoria dos jogos e a conceção de mecanismos [93].

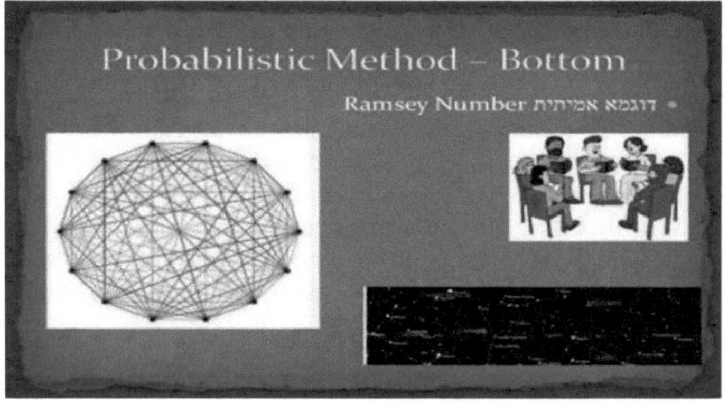

As redes Bayesianas [94] são uma ferramenta que pode ser utilizada para o raciocínio (utilizando o algoritmo de inferência Bayesiana) [96], a aprendizagem (utilizando o algoritmo de maximização da expetativa) [98], o planeamento (utilizando redes de decisão) [99] e a perceção (utilizando redes Bayesianas dinâmicas) [92].

Os algoritmos probabilísticos podem também ser utilizados para filtrar, prever, suavizar e encontrar explicações para fluxos de dados, ajudando assim os sistemas de perceção a analisar processos que ocorrem ao longo do tempo (por exemplo, modelos ocultos de Markov ou filtros de Kalman) [92].

O agrupamento por maximização da expetativa dos dados da erupção de Old Faithful começa com uma estimativa aleatória, mas depois converge com êxito para um agrupamento exato dos dois modos de erupção fisicamente distintos.

1.3.6. Classificadores e métodos de aprendizagem estatística

As aplicações de IA mais simples podem ser divididas em dois tipos: classificadores (por exemplo, "se brilhante, então diamante"), por um lado, e controladores (por exemplo, "se diamante, então apanhar"), por outro. Os classificadores [100] são funções que utilizam a correspondência de padrões para determinar a correspondência mais próxima. Podem ser ajustados com base em exemplos escolhidos utilizando a aprendizagem supervisionada. Cada padrão (também chamado de "observação") é rotulado com uma determinada classe predefinida. Todas as observações combinadas com as suas etiquetas de classe são conhecidas como um conjunto de dados. Quando é recebida uma nova observação, esta é classificada com base na experiência anterior [48].

Há muitos tipos de classificadores em uso. A árvore de decisão é o algoritmo de aprendizagem automática simbólica mais simples e mais utilizado [101]. o algoritmo do vizinho mais próximo (K-nearest neighbor) foi o algoritmo de IA analógica mais utilizado até meados da década de 1990, e os métodos de Kernel, como a máquina de vectores de apoio (SVM), substituíram o k-nearest neighbor na década de 1990 [102]. O classificador naive Bayes é alegadamente o "aprendiz mais utilizado" [103] na Google, devido em parte à sua escalabilidade [104]. As redes neuronais também são utilizadas como classificadores [105].

1.3.7. Redes Neuronais Artificiais

Uma rede neuronal é um grupo de nós interligados, semelhante à vasta rede de neurónios do cérebro humano.

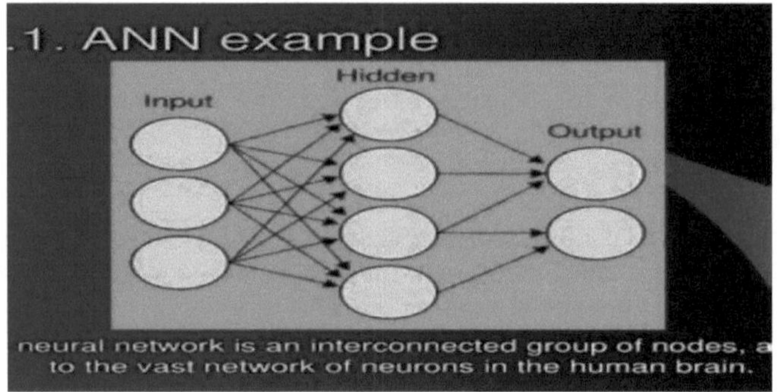

Uma rede neural artificial baseia-se num conjunto de nós, também conhecidos como neurónios artificiais, que modelam livremente os neurónios de um cérebro biológico. É treinada para reconhecer padrões; uma vez treinada, pode reconhecer esses padrões em dados novos. Existe uma entrada, pelo menos uma camada oculta de nós e uma saída. Cada nó aplica uma função e, quando o peso ultrapassa o limiar especificado, os dados são transmitidos para a camada seguinte. Uma rede é normalmente designada por rede neural profunda se tiver pelo menos duas camadas ocultas [105].

Os algoritmos de aprendizagem das redes neuronais utilizam a pesquisa local para escolher os pesos que obterão a saída correcta para cada entrada durante o treino. A técnica de formação mais comum é o algoritmo de retropropagação [106]. As redes neuronais aprendem a modelar relações complexas entre entradas e saídas e a encontrar padrões nos dados. Em teoria, uma rede neural pode aprender qualquer função [107].

Nas redes neuronais feed-forward, o sinal passa apenas numa direção [108]. As redes neuronais recorrentes alimentam o sinal de saída de volta para a entrada, o que permite memórias de curto prazo de eventos de entrada anteriores. A memória de curto prazo é a arquitetura de rede mais bem sucedida para as redes recorrentes [109]. Os Perceptrons [110] utilizam apenas uma única camada de neurónios; a aprendizagem profunda [111] utiliza várias camadas. As redes neuronais convolucionais reforçam a ligação entre os neurónios que estão próximos uns dos outros - isto é especialmente importante no processamento de imagens, em que um conjunto local de neurónios deve identificar uma "aresta" antes de a rede poder identificar um objeto [112].

1.3.8. Aprendizagem profunda

A aprendizagem profunda [111] utiliza várias camadas de neurónios entre as entradas e as saídas da rede. As várias camadas podem extrair progressivamente características de nível superior da entrada bruta. Por exemplo, no processamento de imagens, as camadas inferiores podem identificar arestas, enquanto as camadas superiores podem identificar os conceitos relevantes para um ser humano, como dígitos, letras ou rostos [113].

A aprendizagem profunda melhorou profundamente o desempenho de programas em muitos subdomínios importantes da inteligência artificial, incluindo a visão computacional, o reconhecimento da fala, o processamento de linguagem natural, a classificação de imagens [114], entre outros. A razão pela qual a aprendizagem profunda tem um desempenho tão bom em tantas aplicações não é conhecida até 2023 [115]. O sucesso súbito da aprendizagem profunda em 2012-2015 não se deveu a uma nova descoberta ou a um avanço teórico (as redes neuronais profundas e a retropropagação já tinham sido descritas por muitas pessoas, desde a década de 1950), mas sim a dois factores: o incrível aumento da potência dos computadores (incluindo o aumento de cem vezes da velocidade ao mudar para GPU) e a disponibilidade de grandes quantidades de dados de formação, especialmente os gigantescos conjuntos de dados com curadoria utilizados para testes de referência, como o ImageNet.

1.3.9. Transformadores generativos pré-treinados (GPT)

Os transformadores generativos pré-treinados (GPT) são modelos linguísticos de grande dimensão que se baseiam nas relações semânticas entre palavras em frases (processamento de linguagem natural). Os modelos GPT baseados em texto são pré-treinados num grande corpus de texto que pode ser da Internet. O pré-treino consiste em prever o próximo token (um token é normalmente uma palavra, subpalavra ou pontuação). Ao longo deste pré-treino, os modelos GPT acumulam conhecimento sobre o mundo e podem então gerar texto semelhante ao humano, prevendo repetidamente o próximo token. Normalmente, uma fase de treino subsequente torna o modelo mais verdadeiro, útil e inofensivo, geralmente com uma técnica chamada aprendizagem por reforço a partir de feedback humano. Os modelos GPT actuais ainda são propensos a gerar falsidades chamadas "alucinações", embora isso possa ser reduzido com RLHF e dados de qualidade. São utilizados em chatbots, que lhe permitem fazer uma pergunta ou solicitar uma tarefa num texto simples [124, 125].

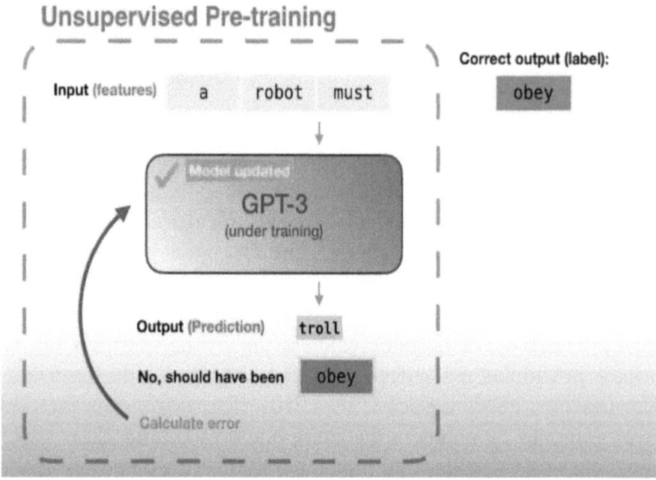

ChatGPT, Grok, Claude, Copilot e LLaMA [126]. Os modelos GPT multimodais podem processar diferentes tipos de dados (modalidades), como imagens, vídeos, som e texto [127].

1.3.10. Hardware e software especializados

No final da década de 2010, as unidades de processamento gráfico (GPUs), cada vez mais concebidas com melhorias específicas para IA e com software Tensor-low especializado, substituíram as unidades de processamento central (CPUs) anteriormente utilizadas como meio dominante para o treino de modelos de aprendizagem automática em grande escala (comercial e académica) [128]. Historicamente, foram usadas linguagens especializadas, como Lisp, Prolog, Python e outras.

1.4. Aplicações

A tecnologia de IA e de aprendizagem automática é utilizada na maioria das aplicações essenciais da década de 2020, incluindo:

- motores de busca (como o Google Search),
- direcionar os anúncios online,
- sistemas de recomendação (oferecidos pela Netflix, YouTube ou Amazon) que impulsionam o tráfego na Internet, publicidade direccionada (AdSense, Facebook),
- assistentes virtuais (como a Siri ou a Alexa),
- veículos autónomos (incluindo drones, ADAS e automóveis autónomos),
- tradução automática de línguas (Microsoft Translator, Google Translate),
- reconhecimento facial (Face ID da Apple ou Face ID da Microsoft) DeepFace e FaceNet da Google) e
- etiquetagem de imagens (utilizada pelo Facebook, iPhoto da Apple e TikTok).

1.4.1. Saúde e medicina

A aplicação da IA na medicina e na investigação médica tem o potencial de melhorar os cuidados prestados aos doentes e a sua qualidade de vida [129]. De acordo com o Juramento de Hipócrates, os profissionais de saúde são eticamente obrigados a utilizar a IA, se as aplicações permitirem diagnosticar e tratar os doentes com maior precisão.

No domínio da investigação médica, a IA é uma ferramenta importante para o tratamento e a integração de grandes volumes de dados. Isto é particularmente importante para o desenvolvimento da engenharia de organóides e de tecidos, que utiliza a imagiologia microscópica como uma técnica fundamental no fabrico [130]. Foi sugerido que a IA pode ultrapassar as discrepâncias no financiamento atribuído a diferentes domínios de investigação [130]. As novas ferramentas de IA podem aprofundar a compreensão das vias bio-médicas relevantes. Por exemplo, o AlphaFold 2 (2021) demonstrou a capacidade de aproximar, em horas e não em meses, a estrutura 3D de uma proteína [131].

Em 2023, foi noticiado que a descoberta de medicamentos guiada por IA ajudou a encontrar uma classe de antibióticos capaz de matar dois tipos diferentes de bactérias resistentes a medicamentos [132]. Em 2024, os investigadores utilizaram a aprendizagem automática para acelerar a procura de tratamentos medicamentosos para a doença de Parkinson. O seu objetivo era identificar compostos que bloqueassem a aglutinação, ou agregação, da alfa-sinucleína (a proteína que caracteriza a doença de Parkinson). Conseguiram acelerar dez vezes o processo de seleção inicial e reduzir o custo em mil vezes [133, 134].

1.4.2. Jogos

Os programas de jogo têm sido utilizados desde os anos 50 para demonstrar e testar as técnicas mais avançadas da IA [135]. o Deep Blue foi o primeiro sistema informático de xadrez a derrotar um campeão mundial de xadrez, Garry Kasparov, em 11 de maio de 1997 [136]. Em 2011, num jogo de exibição do programa de perguntas e respostas Jeopardy!, o sistema de resposta a perguntas da IBM, Watson, derrotou os dois maiores campeões do Jeopardy, Brad Rutter e Ken Jennings, por uma margem significativa [137]. Em março de 2016, o AlphaGo venceu 4 de 5 jogos de Go numa partida com o campeão de Go Lee Sedol, tornando-se o primeiro sistema informático de Go a vencer um jogador profissional de Go sem desvantagens. Depois, em 2017, derrotou Ke Jie, que era o melhor jogador de Go do mundo [138]. Outros programas lidam com jogos de informação imperfeita, como o programa de jogo de póquer Pluribus [139]. A DeepMind desenvolveu modelos de aprendizagem por reforço cada vez mais gene- ralistas, como o MuZero, que podia ser treinado para jogar xadrez, Go ou jogos de Atari [140]. Em 2019, o AlphaStar da DeepMind atingiu o nível de grande mestre no StarCraft II, um jogo de estratégia em tempo real particularmente desafiante que envolve um conhecimento incompleto do que acontece no mapa [141]. Em 2021, um agente de IA participou numa competição PlayStation Gran Turismo, vencendo quatro dos melhores pilotos de Gran Turismo do mundo, utilizando a aprendizagem por reforço profundo [142].

1.4.3. Militar

Vários países estão a implementar aplicações militares de IA [143]. As principais aplicações melhoram o comando e o controlo, as comunicações, os sensores, a integração e a interoperabilidade [144]. A investigação visa a recolha e a análise de informações, a logística, as ciberoperações, as operações de informação e os veículos semiautónomos e autónomos [143]. As tecnologias de IA permitem a coordenação de sensores e de dispositivos, a deteção e a identificação de ameaças, a marcação de posições inimigas, a aquisição de alvos, a coordenação e a desconfiança de fogos conjuntos distribuídos entre veículos de combate em rede envolvendo equipas tripuladas e não tripuladas [144]. A IA foi incorporada em operações militares no Iraque e na Síria [143].

Em novembro de 2023, a Vice-Presidente dos EUA, Kamala Harris, divulgou uma declaração assinada por 31 nações para estabelecer limites para a utilização militar da IA. Os compromissos incluem a utilização de revisões legais para garantir a conformidade da IA militar com as leis internacionais e ser cauteloso e transparente no desenvolvimento desta tecnologia [145].

1.5. IA generativa

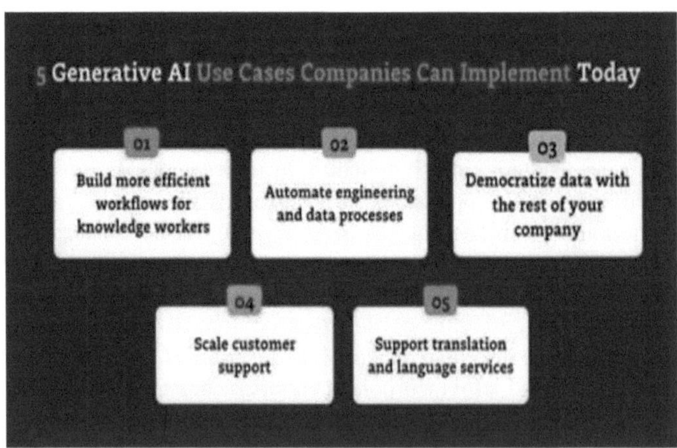

No início da década de 2020, a IA generativa ganhou grande destaque. Em março de 2023, 58% dos adultos americanos tinham ouvido falar do ChatGPT e 14% tinham-no experimentado [146]. O realismo crescente e a facilidade de utilização dos geradores de texto-imagem baseados em IA, como Midjourney, DALL-E e Stable Diffusion, desencadearam uma tendência de fotos virais geradas por IA. Uma fotografia falsa do Papa Francisco com um casaco branco, a detenção fictícia de Donald Trump e uma farsa de um ataque ao Pentágono, bem como a sua utilização nas artes criativas profissionais, chamaram a atenção de todos [147, 148].

1.5.1. Tarefas específicas do sector

Existem também milhares de aplicações de IA bem sucedidas, utilizadas para resolver problemas específicos de determinados sectores ou instituições. Num inquérito de 2017, uma em cada cinco empresas declarou ter incorporado a "IA" em algumas ofertas ou processos [149]. Alguns exemplos são o armazenamento de energia, o diagnóstico médico, a logística militar, as aplicações que prevêem o resultado de decisões judiciais, a política externa ou a gestão da cadeia de abastecimento.

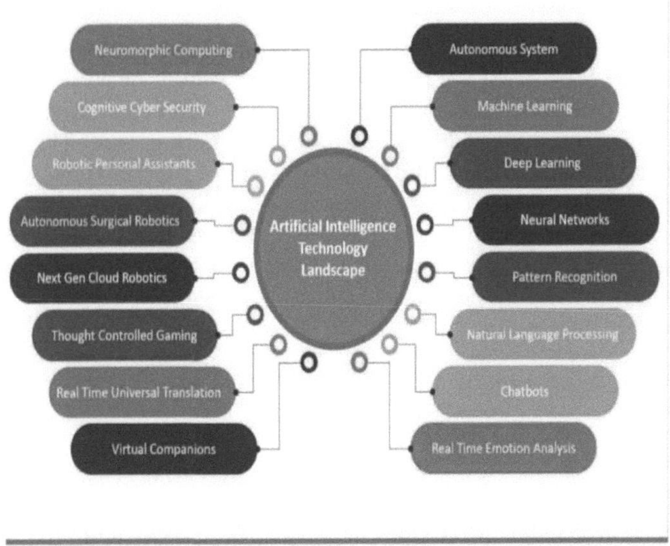

Na agricultura, a IA tem ajudado os agricultores a identificar áreas que necessitam de irrigação, fertilização, tratamentos com pesticidas ou aumento do rendimento. Os agrónomos utilizam a IA para realizar investigação e desenvolvimento. A IA tem sido utilizada para prever o tempo de amadurecimento de culturas como o tomate, monitorizar a humidade do solo, operar robôs agrícolas, realizar análises preditivas, classificar as emoções dos porcos do gado, automatizar estufas, detetar doenças e pragas e poupar água.

A inteligência artificial é utilizada na astronomia para analisar quantidades crescentes de dados e aplicações disponíveis, principalmente para "classificação, regressão, agrupamento, previsão, geração, descoberta e desenvolvimento de novos conhecimentos científicos", por exemplo, para descobrir exoplanetas, prever a atividade solar e distinguir entre sinais e efeitos instrumentais na astronomia das ondas gravitacionais. Poderá também ser utilizada para actividades no espaço, como a exploração espacial, incluindo a análise de dados de missões espaciais, decisões científicas em tempo real de naves espaciais, prevenção de detritos espaciais e operações mais autónomas.

1.5.2. Ética

A IA tem potenciais benefícios e potenciais riscos. A IA pode ser capaz de fazer avançar a ciência e encontrar soluções para problemas graves: Demis Hassabis, da Deep Mind, espera "resolver o problema da inteligência e depois utilizá-lo para resolver tudo o resto" [150]. No entanto, à medida que a utilização da IA se foi generalizando, foram identificados vários riscos e consequências indesejáveis [151]. Os sistemas em produção podem, por vezes, não ter em conta a ética e os preconceitos nos seus processos de formação em IA, especialmente quando os algoritmos de IA são inerentemente inexplicáveis na aprendizagem profunda [152].

1.6. Riscos e danos
1.6.1. Privacidade e direitos de autor

Mais informações: Privacidade da informação e Inteligência artificial e direitos de autor Os algoritmos de aprendizagem automática requerem grandes quantidades de dados. As técnicas utilizadas para obter estes dados suscitaram preocupações em matéria de vigilância da privacidade e de direitos de autor.

As empresas de tecnologia recolhem uma vasta gama de dados dos seus utilizadores, incluindo actividades em linha, dados de geolocalização, vídeo e áudio [153]. Por exemplo, para construir algoritmos de reconhecimento da fala, a Amazon gravou milhões de conversas privadas e permitiu que trabalhadores temporários ouvissem e transcrevessem algumas delas [154]. As opiniões sobre esta vigilância generalizada variam entre os que a consideram um mal necessário e aqueles para quem é claramente antiética e uma violação do direito à privacidade [155].

Os criadores de IA argumentam que esta é a única forma de fornecer aplicações valiosas e desenvolveram várias técnicas que tentam preservar a privacidade sem deixar de obter os dados, como a agregação de dados, a desidentificação e a privacidade diferencial [156]. Desde 2016, alguns peritos em privacidade, como Cynthia Dwork, começaram a encarar a privacidade em termos de equidade. Brian Christian escreveu que os peritos passaram "da questão de 'o que sabem' para a questão de 'o que estão a fazer com isso'" [157].

A IA generativa é frequentemente treinada em obras protegidas por direitos de autor não licenciadas, incluindo em domínios como as imagens ou o código informático; o resultado é depois utilizado sob a justificação de "utilização justa". Os peritos não estão de acordo quanto à forma e às circunstâncias em que este raciocínio se manterá nos tribunais; os factores relevantes podem incluir "a finalidade e o carácter da utilização da obra protegida por direitos de autor" e "o efeito sobre o mercado potencial da obra protegida por direitos de autor" [158, 159]. Os proprietários de sítios Web que não desejem que o seu conteúdo seja extraído podem indicá-lo num ficheiro "robots.txt" [160]. Em 2023, autores importantes (incluindo John Grisham e Jonathan Franzen) processaram empresas de IA por utilizarem o seu trabalho para treinar IA generativa [161, 162]. Outra abordagem debatida consiste em prever um sistema de proteção sui generis separado para as criações geradas pela IA, a fim de garantir uma atribuição e compensação justas para os autores humanos [163].

1.6.2. Desinformação

O YouTube, o Facebook e outros utilizam sistemas de recomendação para orientar os utilizadores para mais conteúdos. A estes programas de IA foi atribuído o objetivo de maximizar o envolvimento dos utilizadores (ou seja, o único objetivo era manter as pessoas a assistir). A IA aprendeu que os utilizadores tendiam a escolher desinformação, teorias da conspiração e conteúdos partidários extremos e, para os manter a ver, a IA recomendou mais desses conteúdos. Os utilizadores também tendiam a ver mais conteúdos sobre o mesmo assunto, pelo que a IA conduziu as pessoas a bolhas de filtragem onde recebiam várias versões da mesma desinformação [164]. Isto convenceu muitos utilizadores de que a desinformação era verdadeira e acabou por minar a confiança nas instituições, nos meios de comunicação social e no governo [165]. O programa de IA tinha aprendido corretamente a maximizar o seu objetivo, mas o resultado foi prejudicial para a sociedade. Após as eleições americanas de 2016, as principais empresas de tecnologia tomaram medidas para mitigar o problema.

Em 2022, a IA generativa começou a criar imagens, áudio, vídeo e texto que não se distinguem de fotografias, gravações, filmes ou escrita humana reais. É possível que os maus actores utilizem esta tecnologia para criar grandes quantidades de desinformação ou propaganda [166]. O pioneiro da IA, Geoffrey Hinton, manifestou a sua preocupação com o facto de a IA permitir que "líderes autoritários manipulem os seus eleitorados" em grande escala, entre outros riscos [167].

1.7. Preconceito e equidade algorítmica

As aplicações de aprendizagem automática serão tendenciosas se aprenderem com dados tendenciosos [168]. Os programadores podem não estar conscientes de que o enviesamento existe [169]. O enviesamento pode ser introduzido pela forma como os dados de treino são seleccionados e pela forma como um modelo é implementado [170]. Se um algoritmo tendencioso for utilizado para tomar decisões que podem prejudicar gravemente as pessoas (como acontece na medicina, finanças, recrutamento, habitação ou policiamento), então o algoritmo pode causar discriminação [171]. A equidade na aprendizagem automática é o estudo da forma de evitar os danos causados pelo enviesamento algorítmico. Tornou-se uma área séria de estudo académico no âmbito da IA. Os investigadores descobriram que nem sempre é possível definir "equidade" de uma forma que satisfaça todas as partes interessadas [172].

Em 28 de junho de 2015, a nova funcionalidade de rotulagem de imagens do Google Photos identificou erradamente Jacky Alcine e um amigo como "gorilas" por serem negros. O sistema foi treinado num conjunto de dados que continha muito poucas imagens de pessoas negras [173], um problema chamado "disparidade de tamanho da amostra" [174]. O Google "corrigiu" este problema impedindo o sistema de rotular qualquer coisa como "gorila". Oito anos mais tarde, em 2023, o Google Photos continuava a não conseguir identificar um gorila, nem produtos semelhantes da Apple, Facebook, Microsoft e Amazon [175].

O COMPAS é um programa comercial amplamente utilizado pelos tribunais dos EUA para avaliar a probabilidade de um arguido se tornar reincidente. Em 2016, Julia Angwin, da ProPublica, descobriu que o COMPAS apresentava preconceitos raciais, apesar de o programa não ser informado da raça dos arguidos. Apesar de a taxa de erro para brancos e negros ter sido calibrada exatamente em 61%, os erros para cada raça eram diferentes - o sistema sobrestimava consistentemente a probabilidade de uma pessoa negra reincidir e subestimava a probabilidade de uma pessoa branca não reincidir [176, 177]. Em 2017, vários investigadores mostraram que era matematicamente impossível para o COMPAS acomodar todas as medidas possíveis de equidade quando as taxas de base de reincidência eram diferentes para brancos e negros nos dados [178].

Um programa pode tomar decisões tendenciosas mesmo que os dados não mencionem explicitamente uma caraterística problemática (como "raça" ou "género"). A caraterística estará correlacionada com outras características (como "morada", "histórico de compras" ou "nome próprio"), e o programa tomará as mesmas decisões com base nessas características que tomaria com base na "raça" ou no "género" [179]. Moritz Hardt afirmou que "o facto mais sólido nesta área de investigação é que a justiça através da cegueira não funciona" [180].

As críticas ao COMPAS sublinharam que os modelos de aprendizagem automática são concebidos para fazer "previsões" que só são válidas se assumirmos que o futuro será semelhante ao passado. Se forem treinados com dados que incluem os resultados de decisões racistas no passado, os modelos de aprendizagem automática devem prever que serão tomadas decisões racistas no futuro. Se uma aplicação utilizar estas previsões como recomendações, algumas destas "recomendações" serão provavelmente racistas [181]. Assim, a aprendizagem automática não é adequada para ajudar a tomar decisões em domínios em que há esperança de que o futuro seja melhor do que o passado. É necessariamente descritiva e não prospetiva.

O preconceito e a injustiça podem não ser detectados porque os criadores são maioritariamente brancos e homens: entre os engenheiros de IA, cerca de 4% são negros e 20% são mulheres [174]. Na sua Conferência de 2022 sobre Equidade, Responsabilidade e Transparência (ACM FAccT 2022), a Association for Computing Machinery, em Seul, Coreia do Sul, apresentou e publicou conclusões que recomendam que, até que se demonstre que os sistemas de IA e de robótica estão isentos de erros de parcialidade, não são seguros e a utilização de redes neuronais de auto-aprendizagem treinadas em vastas fontes não regulamentadas de dados da Internet com falhas deve ser restringida [182, 183].

1.8. Falta de transparência

Muitos sistemas de IA são tão complexos que os seus projectistas não conseguem explicar como tomam as suas decisões [184]. Em especial no caso das redes neuronais profundas, em que existe uma grande quantidade de relações não lineares entre as entradas e as saídas. Mas existem algumas técnicas populares de explicabilidade [185].

É impossível ter a certeza de que um programa está a funcionar corretamente se ninguém souber exatamente como funciona. Já houve muitos casos em que um programa de aprendizagem automática passou em testes rigorosos, mas, no entanto, aprendeu algo diferente do que os programadores pretendiam. Por exemplo, descobriu-se que um sistema capaz de identificar doenças de pele melhor do que os profissionais médicos tinha uma forte tendência para classificar imagens com uma régua como "cancerosas", porque as imagens de doenças malignas incluem normalmente uma régua para mostrar a escala [186]. Outro sistema de aprendizagem automática concebido para ajudar a afetar eficazmente os recursos médicos classificou os doentes com asma como tendo um "baixo risco" de morrer de pneumonia. Ter asma é, na verdade, um fator de risco grave, mas como os doentes com asma recebiam normalmente muito mais cuidados médicos, era relativamente improvável que morressem, de acordo com os dados de treino. A correlação entre a asma e o baixo risco de morrer de pneumonia era real, mas enganadora [187].

As pessoas que foram prejudicadas por uma decisão de um algoritmo têm direito a uma explicação [188]. Espera-se que os médicos, por exemplo, expliquem clara e completamente aos seus colegas o raciocínio subjacente a qualquer decisão que tomem. As primeiras versões do Regulamento Geral sobre a Proteção de Dados da União Europeia, em 2016, incluíam uma declaração explícita de que este direito existe. Os especialistas do sector observaram que se tratava de um problema por resolver, sem solução à vista. As autoridades reguladoras argumentaram que, apesar disso, os danos são reais: se o problema não tem solução, as ferramentas não devem ser utilizadas [189].

A DARPA criou o programa XAI ("Explainable Artificial Intelligence") em 2014 para tentar resolver estes problemas [190]. Existem várias soluções possíveis para o problema da transparência. O SHAP tentou resolver os problemas de transparência visualizando a contribuição de cada caraterística para o resultado [191]. o LIME pode aproximar localmente um modelo com um modelo mais simples e interpretável [192]. A aprendizagem multitarefa fornece um grande número de resultados para além da classificação pretendida. Estes outros resultados podem ajudar os programadores a deduzir o que a rede aprendeu [192, 193]. A deconvolução, o DeepDream e outros métodos generativos podem permitir aos programadores ver o que as diferentes camadas de uma rede profunda aprenderam e produzir resultados que podem sugerir o que a rede está a aprender [194].

1.9. Maus actores e IA armada

A inteligência artificial fornece uma série de ferramentas que são úteis aos maus actores, como governos autoritários, terroristas, criminosos ou Estados párias. Uma arma autónoma letal é uma máquina que localiza, selecciona e ataca alvos humanos sem supervisão humana. Os maus actores podem utilizar ferramentas de IA amplamente disponíveis para desenvolver armas autónomas baratas que, se produzidas em grande escala, são potencialmente armas de destruição maciça [196]. Mesmo quando utilizadas numa guerra convencional, é improvável que sejam incapazes de escolher alvos de forma fiável e podem potencialmente matar uma pessoa inocente [196]. Em 2014, 30 nações (incluindo a China) apoiaram a proibição de armas autónomas no âmbito da Convenção das Nações Unidas sobre Certas Armas Convencionais, mas os Estados Unidos e outros países discordaram [197]. Em 2015, mais de cinquenta países estavam a investigar robôs para o campo de batalha [198].

As ferramentas de IA facilitam aos governos autoritários o controlo eficaz dos seus cidadãos de várias formas. O reconhecimento facial e vocal permite uma vigilância alargada. A aprendizagem automática, utilizando estes dados, pode classificar os potenciais inimigos do Estado e impedir que se escondam. Os sistemas de recomendação podem direcionar com precisão a propaganda e a desinformação para obter o máximo efeito. Os deepfakes e a IA generativa ajudam a produzir desinformação. A IA avançada pode tornar a tomada de decisões centralizada e autoritária mais competitiva do que os sistemas liberais e descentralizados, como os mercados. Reduz o custo e a dificuldade da guerra digital e do spyware avançado [199]. Todas estas tecnologias estão disponíveis desde 2020 ou antes - os sistemas de reconhecimento facial por IA já estão a ser utilizados para vigilância em massa na China [200, 201].

Há muitas outras formas de a IA ajudar os maus actores, algumas das quais não podem ser previstas. Por exemplo, a IA de aprendizagem automática é capaz de conceber dezenas de milhares de moléculas tóxicas numa questão de horas [202].

1.10. Confiança nos gigantes do sector

O treino de sistemas de IA requer uma enorme quantidade de poder de computação. Normalmente, só as grandes empresas tecnológicas têm recursos financeiros para efetuar tais investimentos. As pequenas empresas em fase de arranque, como a Cohere e a OpenAI, acabam por comprar o acesso a centros de dados à Google e à Microsoft, respetivamente [203].

1.11. Desemprego tecnológico

Os economistas sublinharam frequentemente os riscos de despedimentos decorrentes da IA e especularam sobre o desemprego se não houver uma política social adequada para o pleno emprego [204]. No passado, a tecnologia tendeu a aumentar e não a reduzir o emprego total, mas os economistas reconhecem que "estamos em território desconhecido" com a IA [205]. Um inquérito a economistas revelou que não há consenso quanto à questão de saber se a utilização crescente de robôs e da IA causará um aumento substancial do desemprego a longo prazo, mas, de um modo geral, concordam que poderá ser um benefício líquido se os ganhos de produtividade forem redistribuídos [206, 207]. As estimativas de risco variam; por exemplo, na década de 2010, Michael Osborne e Carl Benedikt Frey estimaram que 47% dos empregos nos EUA estão em "alto risco" de potencial automatização, enquanto um relatório da OCDE classificou apenas 9% dos empregos nos EUA como sendo de "alto risco" [208]. A metodologia de especulação sobre os níveis de emprego futuros tem sido criticada por carecer de fundamento probatório e por implicar que é a tecnologia, e não a política social, que cria o desemprego, e não os despedimentos [204]. Em abril de 2023, foi noticiado que 70% dos empregos de ilustradores de jogos de vídeo chineses tinham sido eliminados pela inteligência artificial generativa [209, 210].

Ao contrário das anteriores vagas de automatização, muitos empregos da classe média podem ser eliminados pela inteligência artificial; The Economist afirmou em 2015 que "a preocupação de que a IA possa fazer aos empregos de colarinho branco o que a energia a vapor fez aos empregos de colarinho azul durante a Revolução Industrial" é "digna de ser levada a sério" [211]. Os empregos em risco extremo vão desde os paralegais aos cozinheiros de fast food, enquanto a procura de emprego deverá aumentar para as profissões relacionadas com os cuidados, desde os cuidados de saúde pessoais ao clero [212].

Desde os primórdios do desenvolvimento da inteligência artificial que se discute, por exemplo, com Joseph Weizenbaum, se as tarefas que podem ser executadas por computadores devem ser efetivamente executadas por eles, dada a diferença entre computadores e seres humanos e entre o cálculo quantitativo e o julgamento qualitativo e baseado em valores [213].

1.12. Risco existencial

Tem-se argumentado que a IA se tornará tão poderosa que a

humanidade poderá perder irreversivelmente o seu controlo. Tal poderia, como afirmou o físico Stephen Hawking, "significar o fim da raça humana" [214]. Este cenário tem sido comum na ficção científica, quando um computador ou robô desenvolve subitamente uma "auto-consciência" (ou "senciência" ou "consciência") semelhante à humana e se torna uma personagem malévola. Estes cenários de ficção científica são enganadores em vários aspectos.

Em primeiro lugar, a IA não requer uma "senciência" semelhante à humana para constituir um risco existencial. Os programas modernos de IA têm objectivos específicos e utilizam a aprendizagem e a inteligência para os atingir. O filósofo Nick Bostrom argumentou que, se dermos quase todos os objectivos a uma IA suficientemente poderosa, esta pode optar por destruir a humanidade para os atingir (usou o exemplo de um gestor de uma fábrica de clips) [216]. Stuart Russell dá o exemplo de um robot doméstico que tenta encontrar uma forma de matar o seu dono para evitar que seja desligado da corrente, argumentando que "não pode ir buscar o café se estiver morto" [217]. Para ser segura para a humanidade, uma super inteligência teria de estar genuinamente alinhada com a moralidade e os valores da humanidade, de modo a estar "fundamentalmente do nosso lado" [218].

Em segundo lugar, Yuval Noah Harari defende que a IA não necessita de um corpo robótico ou de controlo físico para representar um risco existencial. As partes essenciais da civilização não são físicas. Coisas como as ideologias, a lei, o governo, o dinheiro e a economia são feitas de linguagem; existem porque há histórias em que milhares de milhões de pessoas acreditam. A atual prevalência da desinformação sugere que uma IA poderia utilizar a linguagem para convencer as pessoas a acreditar em qualquer coisa, mesmo a tomar medidas destrutivas [219].

As opiniões entre os especialistas e os membros da indústria são mistas, com fracções consideráveis tanto preocupadas como despreocupadas com o risco de uma eventual IA superinteligente [220]. Personalidades como Stephen Hawking, Bill Gates e Elon Musk manifestaram a sua preocupação com o risco existencial da IA [221]. Os pioneiros da IA, incluindo Geoffrey Hinton, Yoshua Bengio, Cynthia Breazeal, Rana el-Kaliouby, Demis, Joy Buolamwini e Sam Altman, manifestaram a sua preocupação com os riscos da IA. Em 2023, muitos dos principais especialistas em IA emitiram uma declaração conjunta segundo a qual "a atenuação do risco de extinção da IA deve ser uma prioridade global, a par de outros riscos à escala da sociedade, como as pandemias e a guerra nuclear" [222]. Outros investigadores, porém, defenderam uma visão menos distópica. O pioneiro da IA, Juergen Schmidhuber, não assinou a declaração conjunta, sublinhando que, em 95% dos casos, a investigação em IA tem por objetivo tornar "as vidas humanas mais longas, mais saudáveis e mais fáceis" [223]. Embora as ferramentas que estão a ser utilizadas para melhorar as vidas possam também ser utilizadas por maus actores, "também podem ser utilizadas contra os maus actores" [224, 225]. Andrew Ng argumentou também que "é um erro cair na onda da IA - e que os reguladores que o fizerem apenas beneficiarão interesses instalados" [226]. Yann LeCun "troça dos cenários distópicos dos seus pares de desinformação supercarregada e até, eventualmente, da extinção humana" [227]. No início da década de 2010, os especialistas argumentavam que os riscos estão demasiado distantes no futuro para justificar a investigação ou que os seres humanos serão valiosos na perspetiva de uma máquina superinteligente [228]. No entanto, depois de 2016, o estudo dos riscos actuais e futuros e das possíveis soluções tornou-se uma área séria de investigação [229].

1.13. Máquinas éticas e alinhamento

As IA amigáveis são máquinas que foram concebidas desde o início para minimizar os riscos e fazer escolhas que beneficiem os seres humanos. Eliezer Yudkowsky, que cunhou o termo, defende que o desenvolvimento de uma IA amigável deve ser uma prioridade de investigação mais elevada: pode exigir um grande investimento e deve ser concluído antes que a IA se torne um risco existencial [230].

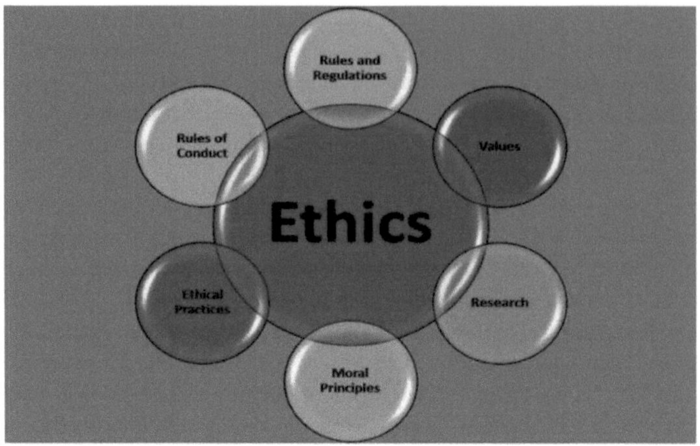

As máquinas com inteligência têm potencial para utilizar a sua inteligência para tomar decisões éticas. O domínio da ética das máquinas fornece às máquinas princípios e procedimentos éticos para a resolução de dilemas éticos [231]. O domínio da ética das máquinas é também designado por moralidade computacional [231] e foi fundado num simpósio da AAAI em 2005 [232]. Outras abordagens incluem os "agentes morais artificiais" de Wendell Wallach [233] e os três princípios de Stuart J. Russell para o desenvolvimento de máquinas comprovadamente benéficas [234].

1.14. Código aberto

As organizações activas na comunidade de código aberto da IA incluem a Hugging Face [235], a Google [236], a EleutherAI e a Meta [237]. Vários modelos de IA, como o Liama, o Mistral ou o Stable Diffusion, foram tornados de peso aberto [238, 239], o que significa que a sua arquitetura e os parâmetros treinados (os "pesos") estão disponíveis ao público. Os modelos de ponderação aberta podem ser livremente ajustados, o que permite às empresas especializá-los com os seus próprios dados e para os seus próprios casos de utilização [240]. Os modelos de ponderação abertos são úteis para a investigação e a inovação, mas também podem ser mal utilizados. Uma vez que podem ser ajustados, qualquer medida de segurança incorporada, como a objeção a pedidos prejudiciais, pode ser treinada até se tornar ineficaz.

Alguns investigadores alertam para o facto de os futuros modelos de IA poderem desenvolver capacidades perigosas (como o potencial para facilitar drasticamente o bioterrorismo) e de, uma vez lançados na Internet, não poderem ser eliminados em qualquer lugar, se necessário. Recomendam auditorias prévias ao lançamento e análises de custo-benefício [241].

1.15. Estruturas

Os projectos de Inteligência Artificial podem ter a sua permissibilidade ética testada durante a conceção, o desenvolvimento e a implementação de um sistema de IA. Um quadro de IA, como o "Care and Act Framework", que contém os valores SUM, desenvolvido pelo Alan Turing Institute, testa os projectos em quatro áreas principais [242, 243]:

- RESPEITE a dignidade de cada pessoa
- CONECTE-SE com outras pessoas de forma sincera, aberta e inclusiva
- CUIDAR do bem-estar de todos
- PROTEGER os valores sociais, a justiça e o interesse público

Outros desenvolvimentos em enquadramentos éticos incluem os decididos durante a Conferência de Asilomar, a Declaração de Montreal para a IA Responsável, e a iniciativa Ética dos Sistemas Autónomos do IEEE, entre outros [244],· no entanto, estes princípios não estão isentos de críticas, especialmente no que diz respeito às pessoas escolhidas contribui para estes enquadramentos [245].

A promoção do bem-estar das pessoas e das comunidades afectadas por estas tecnologias exige que se tenham em conta as implicações sociais e éticas em todas as fases da conceção, desenvolvimento e implementação de sistemas de IA e a colaboração entre funções como cientistas de dados, gestores de produtos, engenheiros de dados, peritos no domínio e gestores de resultados [246].

O Instituto de Segurança da IA no Reino Unido lançou um conjunto de ferramentas de teste chamado "Inspect" para avaliações de segurança da IA, disponível ao abrigo de uma licença de fonte aberta MIT, que está disponível gratuitamente no Github e pode ser melhorado com pacotes de terceiros. Pode ser utilizado para avaliar modelos de IA numa série de áreas, incluindo conhecimentos fundamentais, capacidade de raciocínio e capacidades autónomas [247].

1.16. Regulamento

A primeira cimeira mundial sobre segurança da IA realizou-se em 2023, com uma declaração que apelava à cooperação internacional. A regulamentação da inteligência artificial é o desenvolvimento de políticas e leis do sector público para promover e regulamentar a inteligência artificial (IA); está, por conseguinte, relacionada com a regulamentação mais ampla dos algoritmos [248]. O panorama regulamentar e político da IA é uma questão emergente nas jurisdições a nível mundial [249]. De acordo com o AI Index de Stanford, o número anual de leis relacionadas com a IA aprovadas nos 127 países inquiridos passou de uma lei aprovada em 2016 para 37 leis aprovadas só em 2022 [250, 251]. Entre 2016 e 2020, mais de 30 países adoptaram estratégias específicas para a IA [252]. A maioria dos Estados-Membros da UE tinha publicado estratégias nacionais de IA, tal como o Canadá, a China, a Índia, o Japão, a Maurícia, a Federação Russa, a Arábia Saudita, os Emirados Árabes Unidos, os EUA e o Vietname. Outros estavam a elaborar a sua própria estratégia de IA, incluindo o Bangladesh, a Malásia e a Tunísia [252]. A Parceria Global sobre Inteligência Artificial foi lançada em junho de 2020, afirmando a necessidade de a IA ser desenvolvida de acordo com os direitos humanos e os valores democráticos, para garantir a confiança do público na tecnologia [252]. Henry Kissinger, Eric Schmidt e Daniel Huttenlocher publicaram uma declaração conjunta em novembro de 2021, apelando à criação de uma comissão governamental para regular a IA [253]. Em 2023, os líderes da OpenAI publicaram recomendações para a governação da superinteligência, que acreditam poder acontecer em menos de 10 anos [254]. Em 2023, as Nações Unidas também lançaram um órgão consultivo para fornecer recomendações sobre a governação da IA; o órgão é composto por executivos de empresas de tecnologia, funcionários do governo e académicos [255].

Num inquérito Ipsos de 2022, as atitudes em relação à IA variaram muito de país para país; 78% dos cidadãos chineses, mas apenas 35% dos americanos, concordaram que "os produtos e serviços que utilizam a IA têm mais benefícios do que inconvenientes" [250]. Uma sondagem Reuters/Ipsos de 2023 revelou que 61% dos americanos concordam e

22% discordam que a IA representa riscos para a humanidade [256]. Numa sondagem da Fox News de 2023, 35% dos americanos consideraram "muito importante", e outros 41% consideraram "algo importante", que o governo federal regulasse a IA, contra 13% que responderam "não muito importante" e 8% que responderam "nada importante" [257, 258].

Em novembro de 2023, realizou-se em Bletchley Park, no Reino Unido, a primeira cimeira mundial sobre a segurança da IA, para discutir os riscos da IA a curto e a longo prazo e a possibilidade de quadros regulamentares obrigatórios e voluntários [259]. 28 países, incluindo os Estados Unidos, a China e a União Europeia, emitiram uma declaração no início da cimeira, apelando à cooperação internacional para gerir os desafios e os riscos da inteligência artificial [260, 261].

1.17. História

O estudo do raciocínio mecânico ou "formal" começou com filósofos e matemáticos na Antiguidade. O estudo da lógica conduziu diretamente à teoria da computação de Alan Turing, que sugeria que uma máquina, ao baralhar símbolos tão simples como "0" e "1", poderia simular qualquer forma concebível de raciocínio matemático [262]. Isto, juntamente com as descobertas simultâneas na cibernética, na teoria e na neurobiologia, levou os investigadores a considerar a possibilidade de construir um "cérebro eletrónico". Desenvolveram várias áreas de investigação que viriam a fazer parte da IA
[264] como o projeto de McCullouch e Pitts para "neurónios artificiais" em 1943
[265] e o influente artigo de Turing de 1950 "Computing Machinery and Intelligence", que introduziu o teste de Turing e mostrou que a "inteligência das máquinas" era plausível [266].

O campo de investigação da IA foi fundado num workshop no Dartmouth College em 1956. Os participantes tornaram-se os líderes da investigação em IA na década de 1960. Eles e os seus alunos produziram programas que a imprensa descreveu como "espantosos": os computadores estavam a aprender estratégias de damas, a resolver problemas de álgebra, a provar teoremas lógicos e a falar inglês. No final dos anos 50 e início dos anos 60, foram criados laboratórios de inteligência artificial em várias universidades britânicas e americanas

[5].

Os investigadores das décadas de 1960 e 1970 estavam convencidos de que os seus métodos acabariam por conseguir criar uma máquina com inteligência geral e consideravam este o objetivo da sua área [270]. Herbert Simon previu que "as máquinas serão capazes, dentro de vinte anos, de fazer qualquer trabalho que um homem possa fazer" [271].

Marvin Minsky concordou, escrevendo que "dentro de uma geração (...) o problema da criação da 'inteligência artificial' estará substancialmente resolvido" [272]. Mas eles tinham subestimado a dificuldade do problema. Em 1974, os governos dos EUA e da Grã-Bretanha interromperam a investigação exploratória em resposta às críticas de Sir James Lighthill [274] e à pressão constante do Congresso dos EUA para financiar projectos mais produtivos [275]. O livro Perceptrons de Minsky e Papert foi entendido como a prova de que as redes neuronais artificiais nunca seriam úteis para resolver tarefas do mundo real, desacreditando assim a abordagem [276]. Seguiu-se o "inverno da IA", um período em que era difícil obter financiamento para projectos de IA [9].

No início da década de 1980, a investigação em IA foi relançada pelo êxito comercial dos sistemas especializados [277], uma forma de programa de IA que simulava os conhecimentos e as capacidades analíticas de peritos humanos. Em 1985, o mercado da IA tinha atingido mais de mil milhões de dólares. Ao mesmo tempo, o projeto japonês de computadores de quinta geração inspirou os governos dos EUA e do Reino Unido a restaurar o financiamento da investigação académica. No entanto, a partir do colapso do mercado das máquinas Lisp em 1987, a IA caiu novamente em descrédito e começou um segundo inverno, mais prolongado [10].

Até então, a maior parte do financiamento da IA tinha ido para projectos que utilizavam símbolos de alto nível para representar objectos mentais como planos, objectivos, crenças e factos conhecidos. Na década de 1980, alguns investigadores começaram a duvidar que esta abordagem fosse capaz de imitar todos os processos da cognição humana, especialmente a perceção, a robótica, a aprendizagem e o reconhecimento de padrões [278], e começaram a estudar abordagens "sub-simbólicas" [279]. Rodney Brooks rejeitou a "representação" em geral e concentrou-se diretamente na engenharia de máquinas que se movem e sobrevivem. Judea Pearl, Lofti Zadeh e outros desenvolveram métodos que lidavam com informação incompleta e incerta, fazendo suposições razoáveis em vez de lógica exacta [280-284]. Mas o desenvolvimento mais importante foi o renascimento do "conexionismo", incluindo a investigação sobre redes neuronais, por Geoffrey Hinton e outros [285]. Em 1990, Yann LeCun mostrou com êxito que as redes neuronais convolucionais podem reconhecer dígitos manuscritos, a primeira de muitas aplicações bem sucedidas das redes neuronais [286].

A IA recuperou gradualmente a sua reputação no final da década de 1990 e no início do século XXI, explorando métodos matemáticos formais e encontrando soluções específicas para problemas específicos. Este enfoque "estreito" e "formal" permitiu que os investigadores produzissem resultados muito fiáveis e colaborassem com outros domínios (como a estatística, a economia e a matemática) [287]. Em 2000, as soluções desenvolvidas pelos investigadores de IA estavam a ser amplamente utilizadas, embora na década de 1990 raramente fossem descritas como "inteligência artificial" [288]. No entanto, vários investigadores académicos ficaram preocupados com o facto de a IA já não estar a atingir o seu objetivo original de criar máquinas versáteis e totalmente inteligentes. A partir de 2002, fundaram o subcampo da inteligência geral artificial (ou "AGI"), que tinha várias instituições bem financiadas na década de 2010 [14].

A aprendizagem profunda começou a dominar os parâmetros de referência da indústria em 2012 e foi adoptada em todo o domínio. Para muitas tarefas específicas, foram abandonados outros métodos. Profundo

O sucesso da aprendizagem profunda baseou-se tanto em melhorias do hardware (computadores mais rápidos [290], unidades de processamento gráfico, computação em nuvem [291]) como no acesso a grandes quantidades de dados [292] (incluindo conjuntos de dados seleccionados [291], como a Image Net). O êxito da aprendizagem profunda levou a um enorme aumento do interesse e do financiamento no domínio da IA. A quantidade de investigação sobre aprendizagem automática (medida pelo total de publicações) aumentou 50% nos anos 2015-2019 [252].

Em 2016, as questões da equidade e da utilização indevida da tecnologia foram catapultadas para o centro das atenções nas conferências sobre aprendizagem automática, as publicações aumentaram consideravelmente, o financiamento tornou-se disponível e muitos investigadores reorientaram as suas carreiras para estas questões. O problema do alinhamento tornou-se um domínio sério de estudo académico [229].

No final da adolescência e no início da década de 2020, as empresas de inteligência artificial começaram a apresentar programas que despertaram um enorme interesse. Em 2015, o AlphaGo, desenvolvido pela DeepMind, venceu o campeão mundial de Go. O programa aprendeu apenas as regras do jogo e desenvolveu a estratégia por si próprio. O GPT-3 é um modelo de linguagem de grande dimensão que foi lançado em 2020 pela OpenAI e é capaz de gerar texto de alta qualidade semelhante ao humano [293]. Estes programas, e outros, inspiraram um boom agressivo da IA, em que as grandes empresas começaram a investir milhares de milhões em investigação sobre IA. De acordo com a AI Impacts, cerca de 50 mil milhões de dólares anuais foram investidos em "IA" por volta de 2022, só nos EUA, e cerca de 20% dos novos doutorados em Ciências da Computação dos EUA especializaram-se em "IA" [294]. Em 2022, existiam cerca de 800 000 postos de trabalho nos EUA relacionados com a "IA" [295].

1.18. Filosofia
1.18.1.   Definição de Inteligência Artificial

Alan Turing escreveu em 1950: "Proponho-me considerar a questão 'as máquinas podem pensar' [296]. Aconselhou que se mudasse a questão de saber se uma máquina "pensa" para "se é ou não possível que uma máquina demonstre um comportamento inteligente" [296]. Concebeu o teste de Turing, que mede a capacidade de uma máquina simular a conversação humana [266]. Uma vez que só podemos observar o comportamento da máquina, não importa se ela está "realmente" a pensar ou se tem literalmente uma "mente". Turing observa que não podemos determinar estas coisas sobre as outras pessoas, mas "é habitual ter uma convenção educada de que toda a gente pensa" [297].

Russell e Norvig concordam com Turing que a inteligência deve ser definida em termos de comportamento externo e não de estrutura interna. No entanto, criticam o facto de o teste exigir que a máquina imite os humanos. "Os textos de engenharia aeronáutica", escreveram, "não definem o objetivo do seu campo como sendo fazer 'máquinas que voam tão exatamente como pombos que podem enganar outros pombos'." [298]. O fundador da IA, John McCarthy, concordou, escrevendo que "a inteligência artificial não é, por definição, uma simulação da inteligência humana" [299].

McCarthy define a inteligência como "a parte computacional da capacidade de atingir objectivos no mundo" [300]. Outro fundador da IA, Marvin Minsky, descreve-a de forma semelhante como "a capacidade de resolver problemas difíceis" [301]. O principal manual de IA define-a como o estudo de agentes que percebem o seu ambiente e tomam medidas que maximizam as suas hipóteses de atingir objectivos definidos. Estas definições vêem a inteligência em termos de problemas bem definidos com soluções bem definidas, em que tanto a dificuldade do problema como o desempenho do programa são medidas directas da "inteligência" da máquina - e não é necessária qualquer outra discussão filosófica, ou pode nem sequer ser possível. Outra definição foi adoptada pela Google [302], um dos principais praticantes no domínio da IA. Esta definição estipula que a capacidade dos sistemas para sintetizar informação é a manifestação da inteligência, à semelhança da forma como é definida na inteligência biológica.

1.18.2. Avaliar as abordagens à IA

Durante a maior parte da sua história, a investigação em IA não foi orientada por nenhuma teoria ou paradigma unificador estabelecido. O sucesso sem precedentes da aprendizagem automática estatística na década de 2010 eclipsou todas as outras abordagens (de tal forma que algumas fontes, especialmente no mundo dos negócios, utilizam o termo "inteligência artificial" para significar "aprendizagem automática com redes neuronais"). Esta abordagem é maioritariamente sub-simbólica, suave e estreita. Os críticos argumentam que estas questões poderão ter de ser revistas pelas futuras gerações de investigadores de IA.

1.18.3. A IA simbólica e os seus limites

A IA simbólica (ou "GOFAI") [304] simulou o raciocínio consciente de alto nível que as pessoas utilizam quando resolvem puzzles, expressam raciocínios jurídicos e fazem matemática. Obtiveram grande sucesso em tarefas "inteligentes" como a álgebra ou os testes de QI. Na década de 1960, Newell e Simon propuseram a hipótese dos sistemas de símbolos físicos: "Um sistema de símbolos físicos possui os meios necessários e suficientes para uma ação inteligente geral" [305]. No entanto, a abordagem simbólica falhou em muitas tarefas que os humanos resolvem facilmente, como a aprendizagem, o reconhecimento de um objeto ou o raciocínio de senso comum. O paradoxo de Moravec é a descoberta de que as tarefas "inteligentes" de alto nível eram fáceis para a IA, mas as tarefas "instintivas" de baixo nível eram extremamente difíceis [306]. O filósofo Hubert Dreyfus defendia, desde a década de 1960, que a perícia humana depende mais do instinto inconsciente do que da manipulação consciente de símbolos e de uma "sensação" da situação do que de um conhecimento simbólico explícito [307]. Embora os seus argumentos tenham sido ridicularizados e ignorados quando foram apresentados pela primeira vez, a investigação em IA acabou por concordar com ele.

Symbolic	Subsymbolic
Explicit symbolic programming	Bayesian learning
Inference, search algorithms	Deep learning
AI programming languages	Connectionism
Rules, Ontologies, Plans, Goals...	Neural Nets / Backprop
	LDA, SVM, HMM, PMF, alphabet soup...

A questão não está resolvida: o raciocínio sub-simbólico pode cometer muitos dos mesmos erros inescrutáveis que a intuição humana, como o enviesamento algorítmico. Críticos como Noam Chomsky argumentam que a investigação contínua em IA simbólica continuará a ser necessária para atingir a inteligência geral [309, 310], em parte porque a IA sub-simbólica está a afastar-se da IA explicável: pode ser difícil ou impossível compreender porque é que um programa moderno de IA estatística tomou uma determinada decisão. O domínio emergente da inteligência artificial neuro-simbólica tenta fazer a ponte entre as duas abordagens.

1.18.4.   Arrumado vs. desalinhado

Os "Neats" esperam que o comportamento inteligente seja descrito através de princípios simples e elegantes (como a lógica, a otimização ou as redes neuronais). Os "Scruffies" esperam que seja necessário resolver um grande número de problemas não relacionados. Os "Neats" defendem os seus programas com rigor teórico, os "Scruffies" baseiam-se principalmente em testes incrementais para ver se funcionam. Esta questão foi ativamente discutida nas décadas de 1970 e 1980 [311], mas acabou por ser considerada irrelevante. A IA moderna tem elementos de ambos.

1.18.4.   Computação suave vs. dura

Encontrar uma solução comprovadamente correcta ou óptima é intratável para muitos problemas importantes. A computação suave é um conjunto de técnicas, incluindo os algoritmos genéticos, a lógica difusa e as redes neuronais, que toleram a imprecisão, a incerteza, a verdade parcial e a aproximação. A computação suave foi introduzida no final dos anos 80 e os programas de IA mais bem sucedidos do século XXI são exemplos de computação suave com redes neuronais.

1.18.5.   IA estreita vs. geral

Os investigadores de IA estão divididos entre perseguir diretamente os objectivos da inteligência geral artificial e da superinteligência ou resolver o maior número possível de problemas específicos (IA restrita), na esperança de que estas soluções conduzam indiretamente aos objectivos a longo prazo deste domínio [312, 313]. A inteligência geral é difícil de definir e difícil de medir, e a IA moderna tem tido mais sucessos verificáveis ao concentrar-se em problemas específicos com soluções específicas. O subcampo experimental da inteligência geral artificial estuda exclusivamente esta área.

1.18.6.   Consciência, sensibilidade e mente das máquinas

A filosofia da mente não sabe se uma máquina pode ter uma mente, consciência e estados mentais, no mesmo sentido que os seres humanos. Esta questão considera as experiências internas da máquina, e não o seu comportamento externo. A investigação dominante em IA considera esta questão irrelevante porque não afecta os objectivos do campo: construir máquinas que possam resolver problemas utilizando a inteligência. Russell e Norvig acrescentam que o projeto adicional de tornar uma máquina consciente exatamente da mesma forma que os humanos não está preparado para o fazer" [314]. No entanto, a questão tornou-se central para a filosofia da mente. É também tipicamente a questão central em causa na inteligência artificial na ficção.

1.18.7.   Consciência

David Chalmers identificou dois problemas na compreensão da mente, a que chamou os problemas "difíceis" e "fáceis" da consciência [315]. O problema fácil é compreender como o cérebro processa sinais, faz planos e controla o comportamento. O problema difícil é explicar como é que isto se sente ou porque é que se deveria sentir como qualquer coisa, assumindo que estamos certos ao pensar que se sente verdadeiramente como qualquer coisa (o ilusionismo da consciência de Dennett diz que isto é uma ilusão). Embora a informação humana

O processamento de informação é fácil de explicar, mas a experiência subjectiva humana é difícil de explicar. Por exemplo, é fácil imaginar uma pessoa daltónica que aprendeu a identificar os objectos vermelhos no seu campo de visão, mas não é claro o que seria necessário para que essa pessoa soubesse o que é o vermelho [316].

1.19. Computacionalismo e funcionalismo

O computacionalismo é a posição na filosofia da mente segundo a qual a mente humana é um sistema de processamento de informação e que o pensamento é uma forma de computação. O computacionalismo defende que a relação entre a mente e o corpo é semelhante ou idêntica à relação entre o software e o hardware, pelo que pode ser uma solução para o problema mente-corpo. Esta posição filosófica foi inspirada no trabalho dos investigadores de IA e dos cientistas cognitivos nos anos

60 e foi originalmente proposta pelos filósofos Jerry Fodor e Hilary Putnam [317].

O filósofo John Searle caracterizou esta posição como "IA forte": "O computador adequadamente programado, com os inputs e outputs correctos, teria uma mente exatamente no mesmo sentido em que os seres humanos têm mentes". Searle contrapõe a esta afirmação o seu argumento da sala chinesa, que tenta mostrar que, mesmo que uma máquina simule perfeitamente o comportamento humano, não há razão para supor que também tenha uma mente [318-321].

1.20. Bem-estar e direitos da IA

É difícil ou impossível avaliar de forma fiável se uma IA avançada é senciente (tem a capacidade de sentir) e, em caso afirmativo, até que ponto [322]. Mas se houver uma probabilidade significativa de uma determinada máquina poder sentir e sofrer, então poderá ter direito a certos direitos ou medidas de proteção do bem-estar, à semelhança dos animais [323, 324]. A sapiência (um conjunto de capacidades relacionadas com uma inteligência elevada, como o discernimento ou a auto-consciência) pode constituir outra base moral para os direitos da IA [323]. Os direitos dos robôs são também por vezes propostos como uma forma prática de integrar os agentes autónomos na sociedade [325].

Em 2017, a União Europeia considerou a possibilidade de conceder "personalidade eletrónica" a alguns dos sistemas de IA mais capazes. À semelhança do estatuto jurídico das empresas, teria conferido direitos, mas também responsabilidades [326]. Em 2018, os críticos argumentaram que a concessão de direitos aos sistemas de IA minimizaria a importância dos direitos humanos e que a legislação deveria centrar-se nas necessidades dos utilizadores e não em cenários futuristas especulativos. Observaram também que os robôs não tinham autonomia para participar na sociedade por si próprios [327, 328].

O progresso da IA aumentou o interesse pelo tema. Os defensores do bem-estar e dos direitos da IA argumentam frequentemente que a senciência da IA, caso venha a surgir, seria particularmente fácil de negar. Alertam para o facto de este poder ser um ponto cego moral análogo à escravatura ou à agricultura industrial, que pode levar a um sofrimento em grande escala se a IA senciente for criada e explorada de forma descuidada [324].

1.21. Futuro
1.21.1. A superinteligência e a singularidade

Uma superinteligência é um agente hipotético que possuiria uma inteligência muito superior à da mente humana mais brilhante e mais dotada [313].

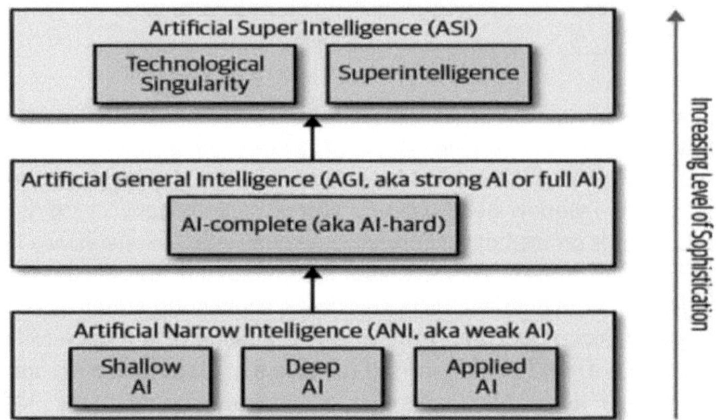

Se a investigação sobre inteligência artificial geral produzisse software suficientemente inteligente, este poderia ser capaz de se reprogramar e melhorar a si próprio. O software aperfeiçoado seria ainda melhor a aperfeiçoar-se a si próprio, conduzindo ao que I. J. Good designou por "explosão de inteligência" e Vernor Vinge por "singularidade" [329]. No entanto, as tecnologias não podem melhorar exponencialmente de forma indefinida e, normalmente, seguem uma curva em forma de S, abrandando quando atingem os limites físicos do que a tecnologia pode fazer [330].

1.21.2.   Transhumanismo

O designer de robôs Hans Moravec, o ciberneticista Kevin Warwick e o inventor Ray Kurzweil previram que, no futuro, os seres humanos e as máquinas se fundirão em ciborgues mais capazes e poderosos do que qualquer um deles. Esta ideia, designada por transhumanismo, tem raízes em Aldous Huxley e Robert Ettinger [331].

Edward Fredkin defende que "a inteligência artificial é a próxima etapa da evolução", uma ideia proposta pela primeira vez em "Darwin among the Mach-ines", de Samuel Butler, em 1863, e desenvolvida por George Dyson no seu livro homónimo de 1998 [332].

1.21.3.   Na ficção

A própria palavra "robot" foi cunhada por Karel Capek na sua peça de 1921 R.U.R., cujo título significa "Rossum's Universal Robots" (Robôs Universais de Rossum). Os seres artificiais com capacidade de raciocínio têm aparecido como dispositivos de narração de histórias desde a antiguidade [333] e têm sido um tema persistente na ficção científica [334].

Um tropo comum nestas obras começou com Frankenstein de Mary Shelley, em que uma criação humana se torna uma ameaça para os seus donos. Isto inclui obras como 2001: Uma Odisseia no Espaço (ambos de 1968), de Arthur C. Clarke e Stanley Kubrick, com HAL 9000, o computador assassino responsável pela nave espacial Discovery One, bem como The Terminator (1984) e The Matrix (1999). Em contrapartida, os raros robots leais, como Gort de O Dia em que a Terra Parou (1951) e Bishop de Aliens (1986), são menos proeminentes na cultura popular [334].

Isaac Asimov introduziu as Três Leis da Robótica em muitos livros e histórias, nomeadamente na série "Multivac" sobre um computador superinteligente com o mesmo nome. As leis de Asimov são frequentemente referidas em discussões leigas sobre a ética das máquinas [334]; embora quase todos os investigadores de inteligência artificial estejam familiarizados com as leis de Asimov através da cultura popular, consideram-nas geralmente inúteis por muitas razões, uma das quais é a sua ambiguidade [335].

Várias obras utilizam a IA para nos obrigar a confrontar a questão fundamental do que nos torna humanos, mostrando-nos seres artificiais que têm a capacidade de sentir e, portanto, de sofrer. Isto aparece em R.U.R. de Karel Capek, nos filmes A.I. Artificial Intelligence e Ex Machina, bem como no romance Do Androids Dream of Electric Sheep? de Philip K. Dick. Dick considera a ideia de que a nossa compreensão da subjetividade humana é alterada pela inteligência artificial criada pela tecnologia [335].

1.21. Referências

[1] . Russell & Norvig (2021), pp. 1-4.
[2] . Google (2016).
[3] . A IA deverá ultrapassar o poder do cérebro humano Arquivado 19/02/2008 no site
    Wayback Machine CNN.com (26 de julho de 2006)
[4] . Kaplan, Andreas; Haenlein, Michael (2019).
    "Siri, Siri, na minha mão: Quem é a mais bela da terra? Sobre
    as interpretações, ilustrações e implicações da inteligência
    artificial". Horizontes Empresariais. 62: 15-25.
[5] . Copeland, J., ed. (2004). The Essential Turing: as ideias que deram origem a
    a era do computador. Oxford, Inglaterra: Clarendon Press. ISBN 0-19-825079-7.
[6] . Oficina de Dartmouth:
    - Russell & Norvig (2021, p. 18)
    - McCorduck (2004, pp. 111-136)
    - NRC (1999, pp. 200-201)
    - McCarthy et al. (1955)
[7] . Programas de sucesso na década de 1960:
    - McCorduck (2004, pp. 243-252)
    - Crevier (1993, pp. 52-107)
    - Moravec (1988, p. 9)
    - Russell & Norvig (2021, pp. 19-21)
[8] . Iniciativas de financiamento no início da década de 1980: Projeto de quinta geração (Japão),
    Alvey (Reino Unido), Microelectronics and Computer
    Technology Corporation (EUA), Strategic Computing Initiative
    (EUA):
    - McCorduck (2004, pp. 426-441)
    - Crevier (1993, pp. 161-162, 197-203, 211, 240)
    - Russell & Norvig (2021, p. 23)
    - NRC (1999, pp. 210-211)
    - Newquist (1994, pp. 235-248)
[9] . Primeira IA de inverno, relatório Lighthill, alteração Mansfield
    - Crevier (1993, pp. 115-117)
    - Russell & Norvig (2021, pp. 21-22)

- NRC (1999, pp. 212-213)
- Howe (1994)
- Newquist (1994, pp. 189-201)

[10] . Segunda IA de inverno:
- Russell & Norvig (2021, p. 24)
- McCorduck (2004, pp. 430-435)
- Crevier (1993, pp. 209-210)
- NRC (1999, pp. 214-216)
- Newquist (1994, pp. 301-318)

[11] . Revolução da aprendizagem profunda, AlexNet:
- Goldman (2022)
- Russell & Norvig (2021, p. 26)
- McKinsey (2018)

[12] . Toews (2023).

[13] . Frank (2023).

[14] . Inteligência geral artificial:
- Russell & Norvig (2021, pp. 32-33, 1020-1021
- Proposta de versão moderna:
- Pennachin & Goertzel (2007)
- Avisos dos principais investigadores sobre o excesso de especialização em IA:
- Nilsson (1995)
- McCarthy (2007)
- Beal & Winston (2009)

[15] . Russell & Norvig (2021, §1.2).

[16] . Resolução de problemas, resolução de puzzles, jogos e dedução:
- Russell & Norvig (2021, cap. 3-5)
- Russell & Norvig (2021, cap. 6) (satisfação de restrições)
- Poole, Mackworth & Goebel (1998, cap. 2, 3, 7, 9)
- Luger & Stubblefield (2004, cap. 3, 4, 6, 8)
- Nilsson (1998, cap. 7-12)

[17] . Raciocínio incerto:
- Russell & Norvig (2021, cap. 12-18)
- Poole, Mackworth & Goebel (1998, pp. 345-395)
- Luger & Stubblefield (2004, pp. 333-381)
- Nilsson (1998, cap. 7-12)

[18] . Intratabilidade e eficiência e a explosão combinatória:
- Russell & Norvig (2021, p. 21)

[19] . Provas psicológicas da prevalência do raciocínio sub-simbólico e da

conhecimento:
- Kahneman (2011)
- Dreyfus & Dreyfus (1986)
- Wason & Shapiro (1966)
- Kahneman, Slovic & Tversky (1982)

[20] . Representação do conhecimento e engenharia do conhecimento:
- Russell & Norvig (2021, cap. 10)
- Poole, Mackworth & Goebel (1998, pp. 23-46, 69-81, 169-233, 235277, 281-298, 319-345)
- Luger & Stubblefield (2004, pp. 227-243),
- Nilsson (1998, cap. 17.1-17.4, 18)

[21] . Smoliar & Zhang (1994).

[22] . Neumann & Moller (2008).

[23] . Kuperman, Reichley & Bailey (2006).

[24] . McGarry (2005).

[25] . Bertini, Del Bimbo & Torniai (2006).

[26] . Russell & Norvig (2021), pp. 272.

[27] . Representação de categorias e relações: Redes semânticas:
- Russell & Norvig (2021, §10.2 & 10.5),
- Poole, Mackworth & Goebel (1998, pp. 174-177),
- Luger & Stubblefield (2004, pp. 248-258),
- Nilsson (1998, cap. 18.3)

[28] . Representação de acontecimentos e do tempo: cálculo de situações, cálculo de acontecimentos:
- Russell & Norvig (2021, §10.3),
- Poole, Mackworth & Goebel (1998, pp. 281-298),
- Nilsson (1998, cap. 18.2)
- Cálculo causal:
- Poole, Mackworth & Goebel (1998, pp. 335-337)

[29] . Representar o conhecimento sobre o conhecimento: Cálculo de crenças, lógicas modais:
- Russell & Norvig (2021, §10.4),
- Poole, Mackworth & Goebel (1998, pp. 275-277)

[30] . Raciocínio por defeito, problema do quadro, lógica por defeito, lógicas não-monotónicas:
- Russell & Norvig (2021, §10.6)
- Poole, Mackworth & Goebel (1998, pp. 248-256, 323-335)
- Luger & Stubblefield (2004, pp. 335-363)
- Nilsson (1998, ~18.3.3)

[31] . Amplitude dos conhecimentos de senso comum:
- Lenat & Guha (1989, Introdução)
- Crevier (1993, pp. 113-114),
- Moravec (1988, p. 13),
- Russell & Norvig (2021, pp. 241, 385, 982) (problema de qualificação)
[32] . Newquist (1994), p. 296.
[33] . Crevier (1993), pp. 204-208.
[34] . Russell & Norvig (2021), p. 528.
[35] . Planeamento automatizado:
- Russell & Norvig (2021, cap. 11).
[36] . Tomada de decisão automatizada, Teoria da decisão:
- Russell & Norvig (2021, cap. 16-18).
[37] . Planeamento clássico:
- Russell & Norvig (2021, Secção 11.2).
[38] . Planeamento sem sensores ou "conforme", planeamento contingente, replaneamento:
- Russell & Norvig (2021, Secção 11.5).
[39] . Preferências incertas:
- Russell & Norvig (2021, Secção 16.7)
- Aprendizagem por reforço inverso:
- Russell & Norvig (2021, Secção 22.6)
[40] . Teoria do valor da informação:
- Russell & Norvig (2021, secção 16.6).
[41] . Processo de decisão de Markov:
- Russell & Norvig (2021, cap. 17).
[42] . Teoria dos jogos e teoria da decisão multi-agente:
- Russell & Norvig (2021, cap. 18).
[43] . Aprender:
- Russell & Norvig (2021, cap. 19-22)
- Poole, Mackworth & Goebel (1998, pp. 397-438)
- Luger & Stubblefield (2004, pp. 385-542)
- Nilsson (1998, cap. 3.3, 10.3, 17.5, 20)
[44] . Turing (1950).
[45] . Solomonoff (1956).
[46] . Aprendizagem não supervisionada:
- Russell & Norvig (2021, pp. 653) (definição)
- Russell & Norvig (2021, pp. 738-740) (análise de agrupamentos)
- Russell & Norvig (2021, pp. 846-860) (incorporação de

palavras)

[47] . Aprendizagem supervisionada:
- Russell & Norvig (2021, §19.2) (Definição)
- Russell & Norvig (2021, Cap. 19-20) (Técnicas)

[48] . Aprendizagem por reforço:
- Russell & Norvig (2021, cap. 22)
- Luger & Stubblefield (2004, pp. 442-449)

[49] . Aprendizagem por transferência:
- Russell & Norvig (2021, pp. 281)
- The Economist (2016)

[50] . "Inteligência Artificial (IA): O que é a IA e como funciona? | Construído em".
builtin.com. Recuperado em 30 de outubro de 2023.

[51] . Teoria da aprendizagem computacional:
- Russell & Norvig (2021, pp. 672-674)
- Jordan & Mitchell (2015)

[52] . Processamento de linguagem natural (PNL):
- Russell & Norvig (2021, cap. 23-24)
- Poole, Mackworth & Goebel (1998, pp. 91-104)
- Luger & Stubblefield (2004, pp. 591-632)

[53] . Subproblemas de PNL:
- Russell & Norvig (2021, pp. 849-850)

[54] . Russell & Norvig (2021), pp. 856-858.

[55] . Dickson (2022).

[56] . Abordagens estatísticas e de aprendizagem profunda modernas para a PNL:
- Russell & Norvig (2021, cap. 24)
- Cambria & White (2014)

[57] . Vincent (2019).

[58] . Russell & Norvig (2021), pp. 875-878.

[59] . Bushwick (2023).

[60] . Visão computacional:
- Russell & Norvig (2021, cap. 25)
- Nilsson (1998, cap. 6)

[61] . Russell & Norvig (2021), pp. 849-850.

[62] . Russell & Norvig (2021), pp. 895-899.

[63] . Russell & Norvig (2021), pp. 899-901.

[64] . Russell & Norvig (2021), pp. 931-938.

[65] . MIT AIL (2014).

[66] . Computação afectiva:

- Thro (1993)
- Edelson (1991)
- Tao & Tan (2005)
- Scassellati (2002)

[67] . Waddell (2018).
[68] . Poria et al. (2017).
[69] . Algoritmos de pesquisa:
- Russell & Norvig (2021, Cap. 3-5)
- Poole, Mackworth & Goebel (1998, pp. 113-163)
- Luger & Stubblefield (2004, pp. 79-164, 193-219)
- Nilsson (1998, cap. 7-12)
[70] . Pesquisa no espaço de estados:
- Russell & Norvig (2021, cap. 3)
[71] . Russell & Norvig (2021), §11.2.
[72] . Pesquisas não informadas (pesquisa em largura, pesquisa em profundidade e pesquisa geral)

pesquisa no espaço de estados):
- Russell & Norvig (2021, §3.4)
- Poole, Mackworth & Goebel (1998, pp. 113-132)
- Luger & Stubblefield (2004, pp. 79-121)
- Nilsson (1998, cap. 8)
[73] . Pesquisas heurísticas ou informadas (por exemplo, greedy best first e A*):
- Russell & Norvig (2021, s§3.5)
- Poole, Mackworth & Goebel (1998, pp. 132-147)
- Poole & Mackworth (2017, §3.6)
- Luger & Stubblefield (2004, pp. 133-150)
[74] . Pesquisa adversária:
- Russell & Norvig (2021, cap. 5)
[75] . Pesquisa local ou de "otimização":
- Russell & Norvig (2021, cap. 4)
[76] . Singh Chauhan, Nagesh (18 de dezembro de 2020). "Algoritmos de otimização em redes neurais". KDnuggets. Recuperado em 13 de janeiro de 2024.
[77] . Computação evolutiva:
- Russell & Norvig (2021, §4.1.2)
[78] . Merkle & Middendorf (2013).
[79] . Lógica:
- Russell & Norvig (2021, cap. 6-9)
- Luger & Stubblefield (2004, pp. 35-77)
- Nilsson (1998, cap. 13-16)

[80] . Lógica proposicional:
- Russell & Norvig (2021, cap. 6)
- Luger & Stubblefield (2004, pp. 45-50)
- Nilsson (1998, cap. 13)
[81] . Lógica de primeira ordem e características como a igualdade:
- Russell & Norvig (2021, cap. 7)
- Poole, Mackworth & Goebel (1998, pp. 268-275),
- Luger & Stubblefield (2004, pp. 50-62),
- Nilsson (1998, cap. 15)
[82] . Inferência lógica:
- Russell & Norvig (2021, cap. 10)
[83] . dedução lógica como pesquisa:
- Russell & Norvig (2021, §9.3, §9.4)
- Poole, Mackworth & Goebel (1998, pp. ~46-52)
- Luger & Stubblefield (2004, pp. 62-73)
- Nilsson (1998, cap. 4.2, 7.2)
[84] . Resolução e unificação:
- Russell & Norvig (2021, §7.5.2, §9.2, §9.5)
[85] . Warren, D.H.; Pereira, L.M.; Pereira, F. (1977). "Prolog - a linguagem e a sua
   em comparação com Lisp". ACM SIGPLAN Notices. 12 (8): 109-115.
[86] . Lógica difusa:
- Russell & Norvig (2021, pp. 214, 255, 459)
- Scientific American (1999)
[87] . Métodos estocásticos para o raciocínio incerto:
- Russell & Norvig (2021, Capítulos 12-18 e 20),
- Poole, Mackworth & Goebel (1998, pp. 345-395),
- Luger & Stubblefield (2004, pp. 165-191, 333-381),
- Nilsson (1998, cap. 19)
[88] . teoria da decisão e análise da decisão:
- Russell & Norvig (2021, Cap. 16-18),
- Poole, Mackworth & Goebel (1998, pp. 381-394)
[89] . Teoria do valor da informação:
- Russell & Norvig (2021, §16.6)
[90] . Processos de decisão de Markov e redes de decisão dinâmicas:
- Russell & Norvig (2021, cap. 17)
[91] . Modelos temporais estocásticos:
- Russell & Norvig (2021, Cap. 14)
- Modelo de Markov oculto:
- Russell & Norvig (2021, §14.3)

-   Filtros de Kalman:
-   Russell & Norvig (2021, §14.4)
[92] . Teoria dos jogos e conceção de mecanismos:
-   Russell & Norvig (2021, cap. 18)
[93] . Redes Bayesianas:
-   Russell & Norvig (2021, §12.5-12.6, §13.4-13.5, §14.3-14.5, §16.5, §20.2 -20.3),
-   Poole, Mackworth & Goebel (1998, pp. 361-381),
-   Luger & Stubblefield (2004, pp. ~182-190, ≈363-379),
-   Nilsson (1998, cap. 19.3-4)
[94] . Domingos (2015), capítulo 6.
[95] . Algoritmo de inferência Bayesiana:
-   Russell & Norvig (2021, §13.3-13.5),
-   Poole, Mackworth & Goebel (1998, pp. 361-381),
-   Luger & Stubblefield (2004, pp. ~363-379),
-   Nilsson (1998, cap. 19.4 e 7)
[96] . Domingos (2015), p. 210.
[97] . Aprendizagem Bayesiana e o algoritmo de maximização da expetativa:
-   Russell & Norvig (2021, cap. 20),
-   Poole, Mackworth & Goebel (1998, pp. 424-433),
-   Nilsson (1998, cap. 20)
-   Domingos (2015, p. 210)
[98] . Teoria da decisão Bayesiana e redes de decisão Bayesianas:
-   Russell & Norvig (2021, §16.5)
[99] . Métodos de aprendizagem estatística e classificadores:
-   Russell & Norvig (2021, cap. 20),
[100] . Árvores de decisão:
-   Russell & Norvig (2021, §19.3)
-   Domingos (2015, p. 88)
[101] . Modelos de aprendizagem não paramétricos, como o K-nearest neighbor:
-   Russell & Norvig (2021, §19.7)
-   Domingos (2015, p. 187) (k-vizinho mais próximo)
-   Domingos (2015, p. 88) (métodos de kernel)
[102] . Domingos (2015), P. 152.
[103] . Classificador Naive Bayes:
-   Russell & Norvig (2021, §12.6)
-   Domingos (2015, p. 152)
[104] . Redes neuronais:
-   Russell & Norvig (2021, cap. 21),

-   Domingos (2015, Capítulo 4)
[105] . Cálculo do gradiente em grafos computacionais:
    -   Russell & Norvig (2021, §21.2),
    -   Luger & Stubblefield (2004, pp. 467-474),
    -   Nilsson (1998, cap. 3.3)
[106] . Teorema de aproximação universal:
    -   Russell & Norvig (2021, p. 752)
[107] . Redes neuronais feedforward:
    -   Russell & Norvig (2021, §21.1)
[108] . Redes neuronais recorrentes:
    -   Russell & Norvig (2021, §21.6)
[109] . Perceptrões:
    -   Russell & Norvig (2021, pp. 21, 22, 683, 22)
[110] . Aprendizagem profunda:
    -   Russell & Norvig (2021, Cap. 21)
    -   Goodfellow, Bengio & Courville (2016)
[111] . Redes neurais convolucionais:
    -   Russell & Norvig (2021, §21.3)
[112] . Deng & Yu (2014), pp. 199-200.
[113] . Ciresan, Meier & Schmidhuber (2012).
[114] . Russell & Norvig (2021), p. 751.
[115] . Russell & Norvig (2021), p. 785.
[116] . Schmidhuber (2022), §5.
[117] . Schmidhuber (2022), §6.
[118] . Schmidhuber (2022), §7.
[119] . Schmidhuber (2022), §8.
[120] . Schmidhuber (2022), §2.
[121] . Schmidhuber (2022), §3.
[122] . Citado em Christian (2020, p. 22)
[123] . Smith (2023).
[124] . "Explicado: IA generativa". 9 de novembro de 2023.
[125] . "Ferramentas de escrita e criação de conteúdos com IA". MIT
    Sloan Teaching & Learning Technologies. Recuperado em 25
    de dezembro de 2023.
[126] . Marmouyet (2023).
[127] . Kobielus (2019).
[128] . Davenport, T; Kalakota, R (junho de 2019).
    "O potencial da inteligência artificial nos cuidados de saúde".
Saúde no futuro
    J. 6 (2): 94-98.

[129] . Bax, Monique; Thorpe, Jordan; Romanov, Valentin (dezembro de 2023).

"O futuro da inteligência artificial cardiovascular personalizada".

Frontiers in Sensors.4.

[130] . Jumper, J; Evans, R; Pritzel, A (2021).

"Previsão de estruturas proteicas altamente precisas com AlphaFold".

Natureza. 596 (7873): 583-589.

[131] . "IA descobre nova classe de antibióticos para matar bactérias resistentes a medicamentos".

20 de dezembro de 2023.

[132] . "A IA acelera dez vezes a conceção de medicamentos para a doença de Parkinson". Universidade de Cambridge.

17 de abril de 2024.

[133] . Horne, Robert I.; et al. (2024).

"Descoberta de inibidores da agregação da α-sinucleína com base na aprendizagem iterativa".

Nature Chemical Biology. 20 (5). Natureza: 634-645.

[134] . Grant, Eugene F.; Lardner, Rex (1952). "A conversa da cidade - It".

The New Yorker. ISSN 0028-792X. Recuperado em 28 de janeiro de 2024.

[135] . Anderson, Mark Robert (2017).

"Vinte anos depois de Deep Blue vs Kasparov: a revolução dos grandes dados".

A Conversação. Recuperado em 28 de janeiro de 2024.

[136] . Markoff, John (2011). "O computador ganha no 'Jeopardy!': Trivial, não é".

The New York Times. ISSN 0362-4331. Recuperado em 28 de janeiro de 2024.

[137] . Byford, Sam (2017).

"AlphaGo retira-se da competição Go depois de derrotar o número um do mundo por 3-0".

The Verge. Recuperado em 28 de janeiro de 2024.

[138] . Brown, Noam; Sandholm, Tuomas (2019).

"IA sobre-humana para póquer multijogadores". Science. 365 (6456): 885-890.

[139] . "MuZero: Domine o Go, o xadrez, o shogi e o Atari sem

regras".

Google DeepMind. 23 de dezembro de 2020. Recuperado em 28 de janeiro de 2024.
[140] . Sample, Ian (30 de outubro de 2019).
"A IA torna-se grande mestre no 'diabolicamente complexo' StarCraft II".
The Guardian. ISSN 0261-3077. Recuperado em 28 de janeiro de 2024.
[141] . Wurman, P.R.; Barrett, S.; Kawamoto, K. (2022).
"Pilotos de Gran Turismo campeões de corrida com aprendizagem por reforço profundo".
Natureza. 602 (7896): 223-228.
[142] . Serviço de Pesquisa do Congresso (2019).
Artificial Intelligence and National Security [Inteligência Artificial e Segurança Nacional]. Washington, DC:
Serviço de Investigação do Congresso.PD-notice
[143] . Slyusar, Vadym (2019).
"A inteligência artificial como base das futuras redes de controlo".
ResearchGate.
[144] . Knight, Will.
"Os EUA e outras 30 nações concordam em estabelecer limites para a IA militar".
Com fio. ISSN 1059-1028. Recuperado em 24 de janeiro de 2024.
[145] . Marcelino, Marco (27 de maio de 2023).
"ChatGPT: A maioria dos americanos sabe o que é, mas poucos têm de facto um chatbot de IA".
PCMag. Recuperado em 28 de janeiro de 2024.
[· 146]. Lu, Donna (31 de março de 2023).
"Desinformação, erros e o Papa em puffer: O que a IA pode e o que não pode fazer".
The Guardian. ISSN 0261-3077. Recuperado em 28 de janeiro de 2024.
[147] . Hurst, Luke (23 de maio de 2023).
"Como é que uma imagem falsa de uma explosão no Pentágono foi partilhada em Wall Street". euronews. Recuperado em 28 de janeiro de 2024.
[148] . Ransbotham, Sam; et al. (6 de setembro de 2017).

"Reformulando os negócios com inteligência artificial". MIT Sloan Management Review. Arquivado do original em 13 de fevereiro de 2024.

[149] . Simonite (2016).
[150] . Russell & Norvig (2021), p. 987.
[151] . Laskowski (2023).
[152] . GAO (2022).
[153] . Valinsky (2019).
[154] . Russell & Norvig (2021), p. 991.
[155] . Russell & Norvig (2021), pp. 991-992.
[156] . Christian (2020), p. 63.
[157] . Vincent (2022).
[158] . Kopel, Matthew. "Serviços de direitos de autor: Utilização justa". Biblioteca da Universidade de Cornell. Recuperado em 26 de abril de 2024.
[159] . Burgess, Matt. "Como impedir que os seus dados sejam utilizados para treinar IA".
Com fio. ISSN 1059-1028. Recuperado em 26 de abril de 2024.
[160] . Reisner (2023).
[161] . Alter & Harris (2023).
[162] . "Preparar o ecossistema de inovação para a IA. Um conjunto de ferramentas de política de PI". OMPI.
[163] . Nicas (2018).
[164] . Rainie, Lee; Keeter, Scott; Perrin, Andrew (22 de julho de 2019).
"Confiança e Desconfiança na América". Centro de Pesquisa Pew. Arquivado em 22
fevereiro de 2024.
[165] . Williams (2023).
[166] . Taylor & Hern (2023).
[167] . Rose (2023).
[168] . CNA (2019).
[169] . Goffrey (2008), p. 17.
[170] . Berdahl et al. (2023); Goffrey (2008, p. 17); Rose (2023); Russell & Norvig (2021, p. 995)
[171] . Preconceito algorítmico e equidade (aprendizagem automática): Russell & Norvig (2021, secção 27.3.3)
[172] . Christian (2020), p. 25.

[173] . Russell & Norvig (2021), p. 995.

[174] . Grant & Hill (2023).

[175] . Larson & Angwin (2016).

[176] . Christian (2020), p. 67-70.

[177] . Christian (2020, pp. 67-70); Russell & Norvig (2021, pp. 993-994)

[178] . Russell & Norvig (2021, p. 995); Lipartito (2011, p. 36);
Goodman & Flaxman (2017, p. 6); Christian (2020, pp. 39-40, 65)

[179] . Citado em Christian (2020, p. 65).

[180] . Russell & Norvig (2021, p. 994); Christian (2020, pp. 40, 80-81)

[181] . Citado em Christian (2020, p. 80)

[182] . Dockrill (2022).

[183] . Amostra (2017).

[184] . "Caixa Preta IA". 16 de junho de 2023.

[185] . Christian (2020), p. 110.

[186] . Christian (2020), pp. 88-91.

[187] . Christian (2020, p. 83); Russell & Norvig (2021, p. 997)

[188] . Christian (2020), p. 91.

[189] . Christian (2020), p. 83.

[190] . Verma (2021).

[191] . Rothman (2020).

[192] . Christian (2020), pp. 105-108.

[193] . Christian (2020), pp. 108-112.

[194] . Russell & Norvig (2021), p. 989.

[195] . Russell & Norvig (2021), pp. 987-990.

[196] . Russell & Norvig (2021), p. 988.

[197] . Robitzski (2018); Sainato (2015)

[198] . Harari (2018).

[199] . Buckley, Chris; Mozur, Paul (22 de maio de 2019).
"Como a China usa a vigilância de alta tecnologia para subjugar as minorias".
O New York Times.

[200] . "Uma falha de segurança expôs um sistema de vigilância de uma cidade inteligente chinesa".
3 de maio de 2019. Arquivado em 7 de março de 2021. Recuperado em 14 de setembro de 2020.

[201] . Urbina et al. (2022).

[202] . Metz, Cade (2023).

"Na era da I.A., os pequenotes da tecnologia precisam de grandes amigos". New York Times.

[203] . McGaughey, "Will Robots Automate Your Job Away? Pleno Emprego,

Basic Income, and Economic Democracy" (2022) 51(3) 511-559.

Arquivado 27 de maio de 2023 no Máquina Wayback

[204] . Ford & Colvin (2015);McGaughey (2022)

[205] . IGM Chicago (2017).

[206] . Arntz, Gregory & Zierahn (2016), p. 33.

[207] . Lohr (2017); Frey & Osborne (2017); Arntz, Gregory & Zierahn (2016),

p. 33)

[208] . Zhou, Viola (11 de abril de 2023).

"A IA já está a ocupar os empregos dos ilustradores de jogos de vídeo na China". Resto do mundo.

Recuperado em 17 de agosto de 2023.

[209] . Carter, Justin (11 de abril de 2023).

"A indústria de arte de jogos da China terá sido dizimada pela crescente utilização da IA".

Desenvolvedor de jogos. Recuperado em 17 de agosto de 2023.

[210] . Morgenstern (2015).

[211] . Mahdawi (2017); Thompson (2014)

[212] . Tarnoff, Ben (4 de agosto de 2023). "Lições de Eliza". The Guardian Weekly.

pp. 34-39.

[213] . Cellan-Jones (2014).

[214] . Russell & Norvig 2021, p. 1001.

[215] . Bostrom (2014).

[216] . Russell (2019).

[217] . Bostrom (2014); Müller & Bostrom (2014); Bostrom (2015).

[218] . Harari (2023).

[219] . Müller & Bostrom (2014).

[220] . Preocupações dos líderes sobre os riscos existenciais da IA por volta de 2015:

- Rawlinson (2015)
- Holley (2015)
- Gibbs (2014)

[221] . Valance (2023).

[222] . Taylor, Josh (7 de maio de 2023).

"A ascensão da inteligência artificial é inevitável, mas não deve ser de IA' diz".

O Guardião. Recuperado em 26 de maio de 2023.

[223] . Colton, Emma (7 de maio de 2023).

"'Pai da IA' diz que os receios tecnológicos são descabidos: 'Não é possível detê-la'".

Fox News. Recuperado em 26 de maio de 2023.

[224] . Jones, Hessie (23 de maio de 2023).

"Juergen Schmidhuber, renomado 'Pai Moderno lidera a TDystopia". Forbes.

Recuperado em 26 de maio de 2023.

[225] . McMorrow, Ryan (19 de dezembro de 2023).

"Andrew Ng: Achamos que o mundo está melhor com inteligência?".

Financial Times. Recuperado em 30 de dezembro de 2023.

[226] . Levy, Steven (22 de dezembro de 2023).

"Como não ser estúpido em relação à IA, com Yann LeCun".

Wired. Recuperado em 30 de dezembro de 2023.

[227] . Argumentos de que a IA não constitui um risco iminente:
- Geist (2015)
- Madrigal (2015)
- Lee (2014)

[228] . Christian (2020), pp. 67, 73.

[229] . Yudkowsky (2008).

[230] . Anderson & Anderson (2011).

[231] . AAAI (2014).

[232] . Wallach (2010).

[233] . Russell (2019), p. 173.

[234] . Melton, Ashley Stewart, Mónica. "O CEO da Hugging Face diz que está focado em construir um 'modelo sustentável' para a startup de IA de código aberto de US $ 4,5 bilhões". Business Insider. Recuperado em 14 de abril de 2024.

[235] . Wiggers, Kyle (9 de abril de 2024). "Ferramentas de código aberto do Google para apoiar o desenvolvimento de modelos de IA". TechCrunch. Recuperado em 14 de abril de 2024.

[236] . Heaven, Will Douglas (12 de maio de 2023). "O boom da IA de código aberto é construído com base nas esmolas da Big Tech. Quanto tempo é que vai durar?". MIT Technology Review. Recuperado

em 14 de abril de 2024.

[237] . Brodsky, Sascha (19 de dezembro de 2023). "O novo modelo de linguagem da Mistral AI visa a supremacia do código aberto". AI Business.

[238] . Edwards, Benj (22 de fevereiro de 2024). "A Stability anuncia o Stable Diffusion 3, um gerador de imagens de IA de última geração". Ars Technica. Recuperado em 14 de abril de 2024.

[239] . Marshall, Matt (29 de janeiro de 2024). "Como as empresas estão a utilizar LLMs de código aberto: 16 exemplos". VentureBeat.

[240] . Piper, Kelsey (2 de fevereiro de 2024). "Devemos tornar os nossos modelos de IA mais poderosos numa fonte aberta a todos?". Vox. Recuperado em 14 de abril de 2024.

[241] . Instituto Alan Turing (2019). "Compreender a ética e a segurança da inteligência artificial" (PDF).

[242] . Instituto Alan Turing (2023). "Ética e governação da IA na prática" (PDF).

[243] . Floridi, Luciano; Cowls, Josh (23 de junho de 2019). "Uma estrutura unificada de cinco princípios para IA na sociedade". Revisão da ciência de dados de Harvard. 1 (1).

[244] . Buruk, Banu; Ekmekci, Perihan Elif; Arda, Berna (1 de setembro de 2020). "Uma perspetiva crítica sobre as directrizes para uma inteligência artificial responsável e fiável". Medicina, Cuidados de Saúde e Filosofia. 23 (3): 387-399.

[245] . Kamila, Manoj Kumar; Jasrotia, Sahil Singh (1 de janeiro de 2023). "Questões éticas no desenvolvimento da inteligência artificial: reconhecendo os riscos". Jornal Internacional de Ética e Sistemas. ahead-of-print (ahead-of-print).

[246] . "O Instituto de Segurança da IA lança uma nova plataforma de avaliação da segurança da IA". Governo do Reino Unido. 10 de maio de 2024. Recuperado em 14 de maio de 2024.

[247] . Regulamentação da IA para atenuar os riscos:
- Berryhill et al. (2019)
- Barfield & Pagallo (2018)
- Iphofen e Kritikos (2019)
- Wirtz, Weyerer & Geyer (2018)

[248] . Biblioteca Jurídica do Congresso (EUA). Direção de Investigação Jurídica Global (2019).

[249] . Vincent (2023).

[250] . Universidade de Stanford (2023).

[251]   . UNESCO (2021).

[252]   . Kissinger (2021).

[253]   . Altman, Brockman & Sutskever (2023).

[254]   . VOA News (25 de outubro de 2023). "ONU anuncia órgão consultivo sobre inteligência artificial".

[255]   . Edwards (2023).

[256]   . Kasperowicz (2023).

[257]   . Fox News (2023).

[258]   . Milmo, Dan (3 de novembro de 2023). "Esperança ou horror? O grande debate sobre a IA que divide os seus pioneiros". The Guardian Weekly. pp. 10-12.

[259]   . "Declaração de Bletchley dos países participantes na Cimeira de Segurança da IA, 1-2 de novembro de 2023". GOV.UK. 1 de novembro de 2023. Arquivado em 1 de novembro de 2023. Recuperado em 2 de novembro de 2023.

[260]   . "Países concordam com o desenvolvimento seguro e responsável da IA de fronteira na histórica Declaração de Bletchley". GOV.UK (Comunicado de imprensa). Arquivado em 1 de novembro de 2023. Recuperado em 1 de novembro de 2023.

[261]   . Russell & Norvig 2021, p. 9.

[262]   . "Ngrama de livros do Google".

[263]   . Os precursores imediatos da IA:
- McCorduck (2004, pp. 51-107)
- Crevier (1993, pp. 27-32)
- Russell & Norvig (2021, pp. 8-17)
- Moravec (1988, p. 3)

[264]   . Russell & Norvig (2021), p. 17
Publicação original do teste de Turing em "Computing machinery and intelligence":
    - Turing (1950)
    - Influência histórica e implicações filosóficas:
    - Haugeland (1985, pp. 6-9)

[265]   . Crevier (1993), pp. 47-49.

[266]   . Russell & Norvig (2003), p. 17.

[267]   . Russell & Norvig (2003), p. 18.

[268]   . Newquist (1994), pp. 86-86.

[269]   . Simon (1965, p. 96) citado em Crevier (1993, p. 109)

[270]   . Minsky (1967, p. 2) citado em Crevier (1993, p. 109)

[271]   . Russell & Norvig (2021), p. 21.

[272]   . Lighthill (1973).

[273] . NRC 1999, pp. 212-213.
[274] . Russell & Norvig (2021), p. 22.
[275] . Sistemas periciais:
- Russell & Norvig (2021, pp. 23, 292)
- Luger & Stubblefield (2004, pp. 227-331)
- Nilsson (1998, cap. 17.4)
- McCorduck (2004, pp. 327-335, 434-435)
[276] . Russell & Norvig (2021), p. 24.
[277] . Nilsson (1998), p. 7.
[278] . McCorduck (2004), pp. 454-462.
[279] . Moravec (1988).
[280] . Brooks (1990).
[281] . Robótica de desenvolvimento:
- Weng et al. (2001)
- Lungarella et al. (2oo3)
- Asada et al. (2oo9)
- Oudeyer (2010)
[282] . Russell & Norvig (2021), p. 25.
- Crevier (1993, pp. 214-215)
   - Russell & Norvig (2021, pp. 24, 26)
[283] . Russell & Norvig (2021), p. 26.
[284] . Métodos formais e restritos adoptados na década de 1990:
- Russell & Norvig (2021, pp. 24-26)
- McCorduck (2004, pp. 486-487)
[285] . IA amplamente utilizada no final da década de 1990:
- Kurzweil (2005, p. 265)
- NRC (1999, pp. 216-222)
- Newquist (1994, pp. 189-201)
[286] . Wong (2023).
[287] . A Lei de Moore e a IA:
- Russell & Norvig (2021, pp. 14, 27)
[288] . Clark (2015b).
[289] . Grandes volumes de dados:
- Russell & Norvig (2021, p. 26)
[290] . Sagar, Ram (3 de junho de 2020). "OpenAI lança GPT-3, o maior modelo até agora". Revista Analytics India. Arquivado do original em 4 de agosto de 2020. Recuperado em 15 de março de 2023.
[291] . DiFeliciantonio (2023).

[292] . Goswami (2023).
[293] . Turing (1950), p. 1.
[294] . Turing (1950), em "The Argument from Consciousness" (O argumento da consciência).
[295] . Russell & Norvig (2021), p. 3.
[296] . Maker (2006).
[297] . McCarthy (1999).
[298] . Minsky (1986).
[299] . "O que é a Inteligência Artificial (IA)?". Google Cloud Plataforma. Arquivado do original em 31 de julho de 2023. Recuperado em 16 de outubro de 2023.
[300] . Nilsson (1983), p. 10.
[301] . Haugeland (1985), pp. 112-117.
[302] . Hipótese do sistema de símbolos físicos:
    - Newell & Simon (1976, p. 116)
    - Significado histórico: McCorduck (2004, p. 153)
    - Russell & Norvig (2021, p. 19)
[303] . O paradoxo de Moravec:
    - Moravec (1988, pp. 15-16)
    - Minsky (1986, p. 29)
    - Pinker (2007, pp. 190-191)
[304] . A crítica de Dreyfus à IA:
    - Dreyfus (1972)
    - Dreyfus & Dreyfus (1986)
    - Significado histórico e implicações filosóficas:
    - Crevier (1993, pp. 120-132).
[305] . Crevier (1993), p. 125.
[306] . Langley (2011).
[307] . Katz (2012).
[308] . Neats vs. scruffies, o debate histórico:
    - McCorduck (2004, pp. 421-424, 486-489)
    - Crevier (1993, p. 168)
    - Nilsson (1983, pp. 10-11)
    - Russell & Norvig (2021, p. 24)
[309] . Pennachin & Goertzel (2007).
[310] . Roberts (2016).
[311] . Russell & Norvig (2021), p. 986.
[312] . Chalmers (1995).
[313] . Dennett (1991).
[314] . Horst (2005).

[315] . Searle (1999).

[316] . Searle (1980), p. 1.

[317] . Russell & Norvig (2021), p. 9817.

[318] . O argumento do quarto chinês de Searle:
  - Searle (1980). A apresentação original de Searle da experiência de pensamento.
  - Searle (1999).
  - Discussão:
  - Russell & Norvig (2021, pp. 985)
  - McCorduck (2004, pp. 443-445)
  - Crevier (1993, pp. 269-271)

[319] . Leith, Sam (7 de julho de 2022). "Nick Bostrom: Como é que podemos ter a certeza de que uma máquina não é consciente?". The Spectator. Recuperado em 23 de fevereiro de 2024.

[320] . Thomson, Jonny (31 de outubro de 2022). "Porque é que os robôs não têm direitos?". Big Think. Recuperado em 23 de fevereiro de 2024.

[321] . Kateman, Brian (24 de julho de 2023). "A IA deve ter medo dos seres humanos". Tempo.
Recuperado em 23 de fevereiro de 2024.

[322] . Wong, Jeff (10 de julho de 2023). "O que os líderes precisam de saber sobre os direitos dos robots". Fast Company.

[323] . Hern, Alex (12 de janeiro de 2017). "Dê aos robôs o estatuto de 'pessoa', defende o comité da UE". O Guardião. ISSN 0261-3077. Recuperado em 23 de fevereiro de 2024.

[324] . Dovey, Dana (14 de abril de 2018). "Os especialistas não acham que os robôs devam ter direitos". Newsweek. Recuperado em 23 de fevereiro de 2024.

[325] . Cuddy, Alice (13 de abril de 2018). "Os direitos dos robots violam os direitos humanos, alertam os peritos da UE". euronews. Consultado em 23 de fevereiro de 2024.

[326] . A explosão da inteligência e a singularidade tecnológica:
  - Russell & Norvig (2021, pp. 1004-1005)
  - Omohundro (2008)
  - Kurzweil (2005)
  - Vinge (1993)

[327] . Russell & Norvig (2021), p. 1005.

[328] . Transhumanismo:
  - Moravec (1988)
  - Kurzweil (2005)

- Russell & Norvig (2021, p. 1005)

[329] . A IA como evolução:
- Edward Fredkin é citado em McCorduck (2004, p. 401)
- Butler (1863)

[330] . A IA no mito:
- McCorduck (2004, pp. 4-5)

[331] . McCorduck (2004), pp. 340-400.

[332] . Buttazzo (2001).

[333] . Anderson (2008).

[334] . McCauley (2007).

[335] . Galvan (1997).

Capítulo 2: Inteligência computacional

2.1. Prefácio

A expressão inteligência computacional (IC) refere-se geralmente à capacidade de um computador aprender uma tarefa específica a partir de dados ou da observação experimental. Embora seja geralmente considerada um sinónimo de computação flexível, ainda não existe uma definição comummente aceite de inteligência computacional.

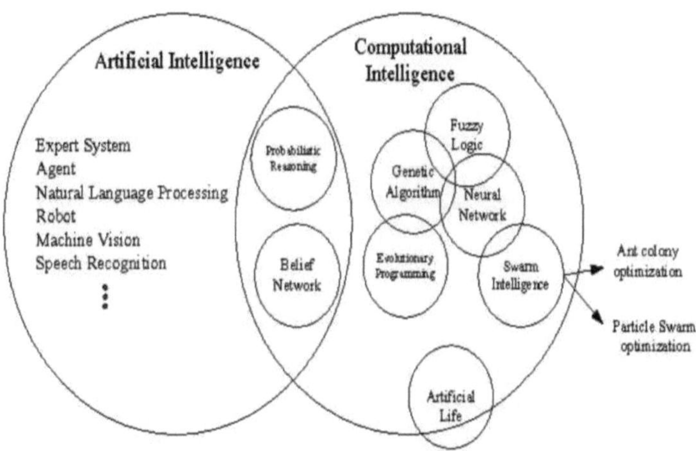

Figure 4.   The relationship between AI and CI

De um modo geral, a inteligência computacional é um conjunto de metodologias e abordagens computacionais inspiradas na natureza para resolver problemas complexos do mundo real para os quais a modelação matemática ou tradicional pode ser inútil por algumas razões: o processo pode ser demasiado complexo para o raciocínio matemático, pode conter algumas incertezas durante o processo, ou o processo pode simplesmente ser de natureza estocástica [1]. Por conseguinte, a IC utiliza uma combinação de cinco técnicas complementares principais [1]. A lógica difusa, que permite que o computador compreenda a linguagem natural [2, 3], as redes neurais artificiais, que permitem que o sistema aprenda dados experimentais operando como um sistema biológico, a computação evolutiva, que se baseia no processo de seleção natural, a teoria da aprendizagem e os métodos probabilísticos, que ajudam a lidar com a imprecisão da incerteza [1]. Exceptuando estes princípios fundamentais, as abordagens atualmente populares incluem algoritmos de inspiração biológica, como a inteligência de enxame [4] e os sistemas imunitários artificiais, que podem ser vistos como uma parte da computação evolutiva, o processamento de imagens, a extração de dados, o processamento de linguagem natural e a inteligência artificial, que tende a ser confundida com a inteligência computacional. Mas embora tanto a Inteligência Computacional (IC) como a Inteligência Artificial (IA) procurem objectivos semelhantes, existe uma distinção clara entre elas.

A Inteligência Computacional é, portanto, uma forma de atuar como os seres humanos. De facto, a caraterística da "inteligência" é geralmente atribuída aos seres humanos. Mais recentemente, muitos produtos e artigos afirmam também ser "inteligentes", um atributo que está diretamente ligado ao raciocínio e à tomada de decisões.

2.2. História

A noção de Inteligência Computacional foi utilizada pela primeira vez pelo Conselho de Redes Neurais do IEEE em 1990. Este conselho foi fundado na década de 1980 por um grupo de investigadores interessados no desenvolvimento de redes neuronais biológicas e artificiais. Em 21 de novembro de 2001, o IEEE Neural Networks Council transformou-se na IEEE Neural Networks Society, para se tornar na IEEE Computational Intelligence Society dois anos mais tarde, ao incluir novas áreas de interesse como os sistemas fuzzy e a computação evolutiva, que relacionaram com a Inteligência Computacional em 2011 (Dote e Ovaska) [5]. Mas a primeira definição clara de Inteligência Computacional foi introduzida por Bezdek em 1994 [1]: um sistema é considerado computacionalmente inteligente se lidar com dados de baixo nível, como dados numéricos, tiver uma componente de reconhecimento de padrões e não utilizar conhecimento no sentido da IA e, além disso, quando começar a apresentar adaptabilidade computacional, tolerância a falhas, velocidade próxima da humana e taxas de erro que se aproximam do desempenho humano.

2.3. Inteligência Artificial

De acordo com Bezdek (1994), embora a Inteligência
Computacional seja um subconjunto da Inteligência Artificial, existem,
de facto, dois tipos de inteligência de máquina: a artificial baseada em
técnicas de computação rígida e a computacional baseada em métodos
de computação suave, que permitem a adaptação a muitas situações. De
acordo com Engelbrecht (2007), as abordagens algorítmicas que foram
classificadas para formar a abordagem de Inteligência Computacional
da IA - nomeadamente os sistemas Fuzzy, as Redes Neuronais, a
Computação Evolutiva, a Inteligência de Enxames e os Sistemas
Imunitários Artificiais - são designadas por "algoritmos inteligentes".
Juntamente com a lógica, o raciocínio dedutivo, os sistemas periciais, o
raciocínio baseado em casos e os sistemas simbólicos de aprendizagem
automática (as abordagens computacionais "duras" acima referidas),
formavam o conjunto de ferramentas da Inteligência Artificial da altura.
É claro que, atualmente, com a aprendizagem automática e a
aprendizagem profunda, em particular, a utilização de uma vasta gama
de abordagens de aprendizagem supervisionada, não supervisionada e
de reforço, o panorama da IA foi muito melhorado, com novas
abordagens inteligentes.

As técnicas de computação rígida funcionam segundo uma lógica
binária baseada em apenas dois valores (os booleanos verdadeiro ou
falso, 0 ou 1) em que se baseiam os computadores modernos. Um
problema com esta lógica é o facto de a nossa linguagem natural nem
sempre poder ser facilmente traduzida em termos absolutos de 0 e 1. As
técnicas de computação suave, baseadas na lógica difusa, podem ser
úteis neste caso [6]. Muito mais próxima da forma como o cérebro
humano funciona, agregando dados a verdades parciais (sistemas
Crisp/fuzzy), esta lógica é um dos principais aspectos exclusivos da IC.

Dentro dos mesmos princípios das lógicas fuzzy e binária, seguem-
se os sistemas crispy e fuzzy [7]. A lógica crocante faz parte dos
princípios da inteligência artificial e consiste em incluir ou não um
elemento num conjunto, enquanto que os sistemas fuzzy (CI) permitem
incluir parcialmente elementos num conjunto. Seguindo esta lógica, a
cada elemento pode ser atribuído um grau de pertença (de 0 a 1) e não
exclusivamente um destes 2 valores [8].

2.4. Principais abordagens algorítmicas da IC e suas aplicações
2.4.1. Lógica difusa

Como já foi explicado, a lógica difusa, um dos princípios fundamentais da IC, consiste em medições e modelação de processos efectuados para processos complexos da vida real [3]. Pode enfrentar a incompletude e, mais importante, a ignorância dos dados num modelo de processo, ao contrário da Inteligência Artificial, que requer um conhecimento exato.

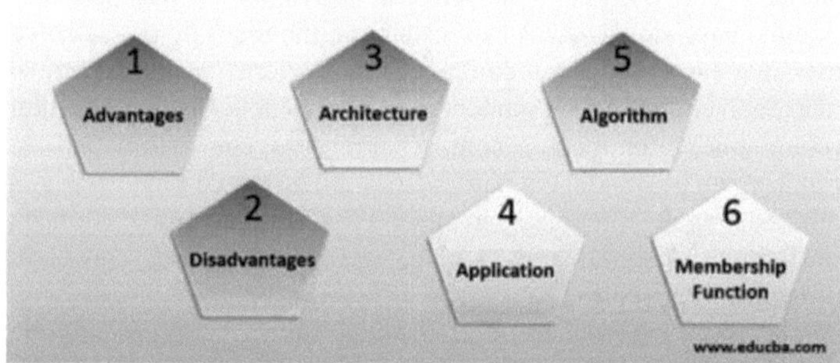

Esta técnica tende a aplicar-se a uma vasta gama de domínios, como o controlo, o tratamento de imagens e a tomada de decisões. Mas também está bem introduzida no domínio dos electrodomésticos, com máquinas de lavar roupa, fornos de micro-ondas, etc. Também podemos deparar-nos com ele quando utilizamos uma câmara de vídeo, onde ajuda a estabilizar a imagem quando seguramos a câmara de forma instável. Outras áreas, como os diagnósticos médicos, o comércio de divisas e a seleção de estratégias empresariais, estão para além do número de aplicações deste princípio [1].

A lógica difusa é principalmente útil para o raciocínio aproximado e não tem capacidade de aprendizagem [1], uma qualificação muito necessária aos seres humanos [carece de fontes], permitindo-lhes melhorar a si próprios, aprendendo com os seus erros anteriores.

2.4.2. Redes Neuronais

É por isso que os especialistas em IC trabalham no desenvolvimento de redes neuronais artificiais baseadas nas redes biológicas, que podem ser definidas por 3 componentes principais: o corpo celular que processa a informação, o axónio, que é um dispositivo que permite a condução do sinal, e a sinapse, que controla os sinais. Por conseguinte, as redes neuronais artificiais são sistemas de processamento de informação distribuídos [9], permitindo o processamento e a aprendizagem a partir de dados experimentais. Funcionando como os seres humanos, a tolerância a falhas é também uma das principais vantagens deste princípio [1].

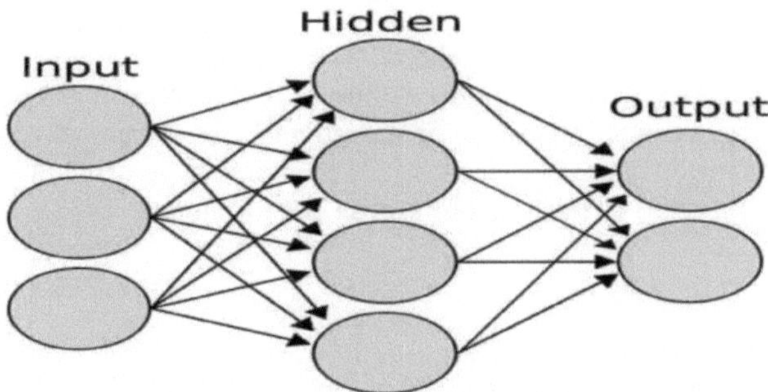

No que diz respeito às suas aplicações, as redes neuronais podem ser classificadas em cinco grupos: análise e classificação de dados, memória associativa, agrupamento, geração de padrões e controlo [1]. De um modo geral, este método tem como objetivo analisar e classificar dados médicos, proceder à deteção de rostos e fraudes e, sobretudo, lidar com as não-linearidades de um sistema de modo a controlá-lo [10]. Além disso, as técnicas de redes neuronais partilham com as técnicas de lógica difusa a vantagem de permitirem o agrupamento de dados.

2.4.3. Computação evolutiva

A computação evolutiva pode ser vista como uma família de métodos e algoritmos para otimização global, que se baseiam geralmente numa população de soluções candidatas. Inspiram-se na evolução biológica e são frequentemente resumidos como algoritmos evolutivos [11].

Estes incluem os algoritmos genéticos, a estratégia de evolução, a programação genética e muitos outros [12]. São considerados como solucionadores de problemas para tarefas não solucionáveis por métodos matemáticos tradicionais [13] e são frequentemente utilizados para otimização, incluindo a otimização multi-objetivo [14].

2.4.4. Teoria da aprendizagem

Ainda à procura de uma forma de "raciocínio" próxima da dos humanos, a teoria da aprendizagem é uma das principais abordagens da IC. Em psicologia, a aprendizagem é o processo de reunir efeitos e experiências cognitivas, emocionais e ambientais para adquirir, melhorar ou alterar conhecimentos, competências, valores e visões do mundo (Ormrod, 1995; Illeris, 2004) [1]. As teorias da aprendizagem ajudam a compreender o modo como estes efeitos e experiências são processados e, em seguida, ajudam a fazer previsões com base em experiências anteriores [15].

2.4.5. Métodos probabilísticos

Sendo um dos principais elementos da lógica difusa, os métodos probabilísticos, introduzidos pela primeira vez por Paul Erdos e Joel Spencer [1] (1974), têm como objetivo avaliar os resultados de um sistema computacional inteligente, definido principalmente pela aleatoriedade [16]. Por conseguinte, os métodos probabilísticos apresentam as soluções possíveis para um problema, com base em conhecimentos prévios.

2.4.6. Impacto no ensino universitário

De acordo com estudos bibliométricos, a inteligência computacional desempenha um papel fundamental na investigação [17]. Todas as grandes editoras académicas aceitam manuscritos em que se discute uma combinação de lógica difusa, redes neuronais e computação evolutiva. Por outro lado, a inteligência computacional não está disponível no currículo universitário [18]. O número de universidades técnicas em que os estudantes podem frequentar um curso é limitado. Apenas a British Columbia, a Universidade Técnica de Dortmund (envolvida no boom europeu do fuzzy) e a Georgia Southern University oferecem cursos neste domínio.

A razão pela qual as grandes universidades estão a ignorar o tema é a falta de recursos. Os cursos de informática existentes são tão complexos que, no final do semestre, não há espaço para a lógica difusa [19]. Por vezes, é ensinada como um subprojecto nos cursos de introdução existentes, mas na maioria dos casos as universidades preferem cursos sobre conceitos clássicos de IA baseados na lógica booleana, máquinas de turing e problemas de brinquedo como o mundo dos blocos.

Desde há algum tempo, com o aumento do ensino STEM, a situação mudou um pouco [20]. Há alguns esforços disponíveis em que são preferidas abordagens multidisciplinares que permitem ao estudante compreender os sistemas adaptativos complexos [21]. Estes objectivos são discutidos apenas numa base teórica. O currículo das universidades reais ainda não foi adaptado.

2.5. Referências

[1] . Siddique, Nazmul; Adeli, Hojjat (2013). Inteligência computacional:
    Sinergias entre a lógica difusa, as redes neuronais e a
    computação evolutiva. John Wiley & Sons. ISBN 978-1-118-
    53481-6.
[2] . Rutkowski, Leszek (2008). Inteligência computacional: Métodos
e

Técnicas. Springer. ISBN 978-3-540-76288-1.

[3] . "Lógica Fuzzy". WhatIs.com. Margaret Rouse. julho de 2006.

[4] . Beni, Gerardo; Wang, Jing (1993).
"Inteligência de enxame em sistemas robóticos celulares". Robots and Biological Systems: Rumo a uma Nova Biónica?. pp. 703-712.

[5] . "História da Sociedade de Inteligência Computacional do IEEE". Engenharia e
Wiki de história da tecnologia. 22 de julho de 2014. Recuperado em 30 de outubro de 2015.

[6] . www.andata.at. Recuperado em 5 de novembro de 2015.

[7] . "Fuzzy Sets and Pattern Recognition". www.cs.princeton.edu.
Recuperado em 5 de novembro de 2015.

[8] . R. Pfeifer. 2013. Capítulo 5: Lógica FUZZY. Notas de aula sobre "Mundo real
computação". Zurique. Universidade de Zurique.

[9] . Stergiou, Christos; Siganos, Dimitrios. "Redes Neuronais". SURPRESA 96
Revista. Imperial College London. Arquivado em 16 de dezembro de 2009. Recuperado em 11 de março de 2015.

[10] . Somers, Mark John; Casal, Jose C. (julho de 2009).
"Utilização de redes neuronais artificiais para modelar a não linearidade". Organização
Métodos de Investigação. 12 (3): 403-417. Recuperado em 31 de outubro de 2015.

[11] . De Jong, Kenneth A. (2006).
Computação evolutiva: A Unified Approach. Cambridge, MA: MIT Press. ISBN 978-0-262-52960-0.

[12] . Eiben, A.E.; Smith, J.E. (2015).
"Variantes populares de algoritmos evolutivos". Computação Evolutiva.
Série Computação Natural. Berlim, Heidelberg: Springer. pp. 99-116.
ISBN 978-3-662-44873-1.

[13] . De Jong, Kenneth A. (2006).
"Algoritmos evolutivos como solucionadores de problemas".
Computação evolutiva: A Unified Approach. Cambridge, MA: MIT
Press. pp. 71-114. ISBN 978-0-262-52960-0.

[14] . Branke, Jürgen; et al. (2008).
Otimização multiobjectivo: Abordagens interactivas e evolutivas.
Notas de aula em Ciência da Computação. Vol. 5252. Berlim, Heidelberg: Springer Berlin Heidelberg. ISBN 978-3-540-88907-6.

[15] . Worrell, James. "Teoria da aprendizagem computacional: 2014-2015". Universidade
de Oxford. Página de apresentação do curso CLT. Recuperado em 11 de fevereiro de 2015.

[16] . Palit, Ajoy K.; Popovic, Dobrivoje (2006). Inteligência computacional em
Time Series Forecasting : Theory and Engineering Applications. Springer Science & Business Media. p. 4. ISBN 9781846281846.

[17] . NEES JAN VAN ECK e LUDO WALTMAN (2007).
"Mapeamento bibliométrico do campo da inteligência computacional".
Revista Internacional de Incerteza, Fuzziness e Sistemas Baseados no Conhecimento. 15 (5). World Scientific Pub Co Pte Lt: 625-645.

[18] . Minaie, Afsaneh e Sanati-Mehrizy, Paymon e Sanati-Mehrizy, Ali e
Sanati-Mehrizy, Reza (2013).
"Curso de Inteligência na Graduação em Comp. Sci, and Eng. de Graduação".
Idade. 23: 1.

[19] . Mengjie Zhang (2011). "Experiência de Ensino de Inteligência Computacional
num curso de graduação" IEEE Computational Intelligence Magazine. 6 (3). Instituto de Engenheiros Eléctricos e Electrónicos (IEEE): 57-59.

[20] . Samanta, Biswanath (2011). Inteligência computacional: uma ferramenta para
Educação e Investigação Multidisciplinar. Actas da Conferência Anual da Secção Nordeste da ASEE 2011, Universidade de Hartford.

[21] . G.K.K. Venayagamoorthy (2009). "Um curso interdisciplinar de sucesso sobre

inteligência computacional". Revista IEEE Computational Intelligence.

4 (1). Inst. of Electrical and Electronics Engineers (IEEE): 14-23.

Capítulo 3: Aplicações gerais da Inteligência Artificial

3.1. Prefácio

A inteligência artificial (IA) tem sido utilizada em aplicações na indústria e no meio académico. À semelhança da eletricidade ou dos computadores, a IA é uma tecnologia de uso geral que tem inúmeras aplicações. As suas aplicações abrangem a tradução de línguas, o reconhecimento de imagens, a tomada de decisões [1], a pontuação de crédito, o comércio eletrónico e vários outros domínios. A IA, que engloba tecnologias como as máquinas equipadas para perceber, compreender, agir e aprender, é uma disciplina científica [2].

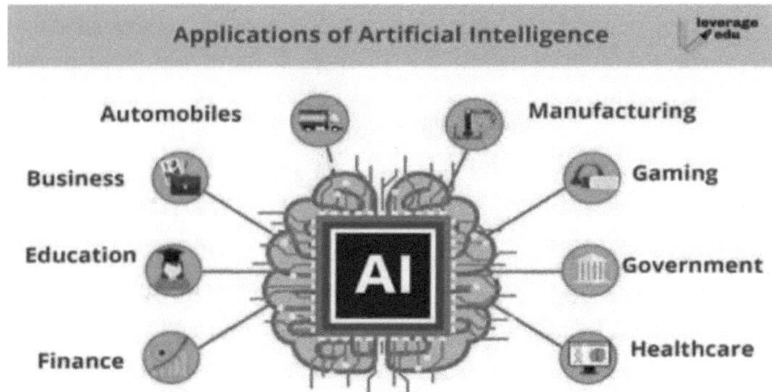

3.2. Sistemas de recomendação

Um sistema de recomendação prevê a classificação ou preferência que um utilizador daria a um item [3, 4]. Os sistemas de recomendação de inteligência artificial são projetados para oferecer sugestões com base em comportamentos anteriores. Estes sistemas têm sido utilizados por empresas como a Netflix, a Amazon, o Instagram e o YouTube, onde geram listas de reprodução personalizadas, sugestões de produtos e recomendações de vídeos [5].

3.3. Feeds da Web e mensagens

A aprendizagem automática é também utilizada em feeds da Web, por exemplo para determinar quais as mensagens que devem aparecer nos feeds das redes sociais [6, 7]. Vários tipos de análise dos meios de comunicação social também recorrem à aprendizagem automática [8, 9] e há investigação sobre a sua utilização para a marcação/aperfeiçoamento/correção (semi-)automatizada de informações erradas em linha e bolhas de filtragem conexas [10-12].

3.3.1. Publicidade direccionada e aumento do envolvimento na Internet

A IA é utilizada para direcionar os anúncios da Web para as pessoas com maior probabilidade de clicar ou de se interessar por eles. Também é utilizada para aumentar o tempo passado num sítio Web, seleccionando conteúdos atractivos para o espetador. Pode prever ou generalizar o comportamento dos clientes a partir das suas pegadas digitais [13]. Tanto o AdSense como o Facebook [14] utilizam a IA para a publicidade. As empresas de jogo em linha utilizam a IA para melhorar a seleção dos clientes [15].

Os modelos de IA de computação da personalidade acrescentam a segmentação psicológica aos dados demográficos sociais mais tradicionais ou à segmentação comportamental [16]. A IA tem sido utilizada para personalizar opções de compra e ofertas [17].

3.3.2. Assistentes virtuais

Os assistentes pessoais inteligentes utilizam a IA para compreender muitos pedidos em linguagem natural de outras formas para além dos comandos rudimentares. Exemplos comuns são o Siri da Apple, o Alexa da Amazon e uma IA mais recente, o ChatGPT da OpenAI [18].

3.4. Motores de pesquisa

O Bing Chat utilizou a inteligência artificial como parte do seu motor de pesquisa [19].

3.5. Filtragem de spam

A aprendizagem automática pode ser utilizada para combater o spam, as burlas e o phishing. Pode examinar o conteúdo dos ataques de spam e phishing para tentar identificar elementos maliciosos [20]. Alguns modelos construídos através de algoritmos de aprendizagem automática têm uma precisão superior a 90% na distinção entre correio eletrónico não desejado e legítimo [21]. Estes modelos podem ser aperfeiçoados a partir de novos dados e da evolução das tácticas de spam. A aprendizagem automática também analisa características como o comportamento do remetente, as informações do cabeçalho do correio eletrónico e os tipos de anexos [22].

3.6. Tradução de línguas

A tecnologia de tradução da fala tenta converter as palavras faladas numa língua noutra. Isto reduz potencialmente as barreiras linguísticas no comércio global e no intercâmbio intercultural, permitindo que falantes de várias línguas comuniquem entre si [23].

A IA tem sido utilizada para traduzir automaticamente a linguagem falada e o conteúdo textual, em produtos como o Microsoft Translator, o Google Translate e o DeepL Translator [24]. Além disso, estão em curso actividades de investigação e desenvolvimento para descodificar e conduzir a comunicação animal [25, 26]. O significado é transmitido não só pelo texto, mas também pelo uso e pelo contexto. Como resultado, as duas principais abordagens de catego-rização para traduções automáticas são as traduções automáticas estatísticas e neurais (NMTs). O método antigo de efetuar traduções consistia em utilizar uma metodologia de tradução automática estatística (SMT) para prever o melhor resultado provável com algoritmos específicos. No entanto, com a NMT, a abordagem utiliza algoritmos dinâmicos para obter melhores traduções com base no contexto [27].

3.7. Reconhecimento facial e rotulagem de imagens

A IA tem sido utilizada em sistemas de reconhecimento facial, com uma taxa de exatidão de 99%. Alguns exemplos são o Face ID da Apple e o Face Unlock do Android, que são utilizados para proteger dispositivos móveis [28].

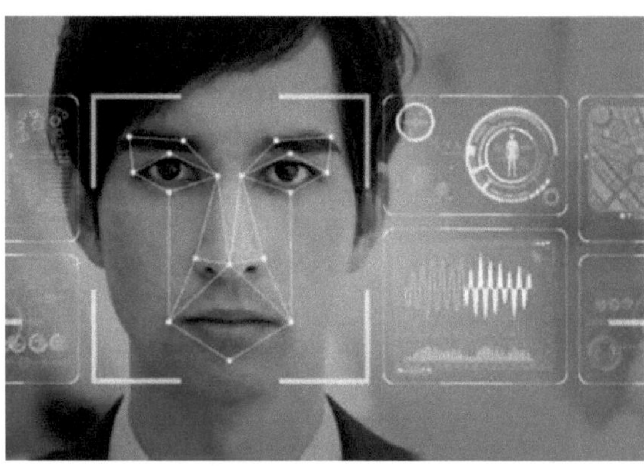

A etiquetagem de imagens tem sido utilizada pela Google para detetar produtos em fotografias e permitir que as pessoas efectuem pesquisas com base numa fotografia. A etiquetagem de imagens também foi demonstrada para gerar discurso para descrever imagens a pessoas cegas. [29]. O Deep-Face do Facebook identifica rostos humanos em imagens digitais.

3.8. Jogos

Os jogos têm sido uma das principais aplicações das capacidades da IA desde a década de 1950. ˢᵗNo século XXI, as IA venceram jogadores humanos em muitos jogos, incluindo xadrez (Deep - Blue), Jeopardy! (Watson) [30], Go (AlphaGo), [31 37] póquer (Pluribus [38] e Cepheus) [39], desportos electrónicos (StarCraft) [40, 41] e jogos em geral (AlphaZero [42-44] e MuZero) [45-48]. A IA substituiu os algoritmos codificados à mão na maioria dos programas de xadrez [49]. Ao contrário do go ou do xadrez, o póquer é um jogo de informação imperfeita, pelo que um programa que jogue póquer tem de raciocinar sob incerteza. Os jogadores de jogos em geral trabalham utilizando o feedback do sistema de jogo, sem conhecer as regras.

3.9. Desafios económicos e sociais

AI for Good é uma iniciativa da UIT que apoia instituições que utilizam a IA para enfrentar alguns dos maiores desafios económicos e sociais do mundo. Por exemplo, a Universidade do Sul da Califórnia lançou o Centro de Inteligência Artificial na Sociedade, com o objetivo de utilizar a IA para resolver problemas como o dos sem-abrigo. Em Stanford, os investigadores utilizam a IA para analisar imagens de satélite e identificar zonas de elevada pobreza [50].

3.10. Agricultura

Na agricultura, a IA tem ajudado os agricultores a identificar áreas que necessitam de irrigação, fertilização, tratamentos com pesticidas ou aumento do rendimento [51]. Os agrónomos utilizam a IA para realizar investigação e desenvolvimento. A IA tem sido utilizada para prever o tempo de amadurecimento de culturas como o tomate [52], monitorizar a humidade do solo, operar robôs agrícolas, realizar análises preditivas [53, 54], classificar animais de criação de porcos, chamar emoções [25], automatizar estufas [55], detetar doenças e pragas [56, 57] e poupar água [58].

3.10.1. Agricultura de precisão

A IA ajuda a obter uma agricultura de precisão, o que exige a utilização de algoritmos para analisar os dados obtidos a partir de imagens de satélite e de sensores de campo no local. Permite a otimização da utilização dos recursos e ajuda a tomar as decisões correctas no que respeita ao tipo de nutrientes, água e pesticidas necessários para maximizar o rendimento [59].

3.10.2. Monitorização das culturas e dos solos

Utilizar modelos de aprendizagem automática para monitorizar o estado das culturas e do solo. Os modelos serão capazes de detetar e prever doenças e pragas nas culturas com antecedência, para permitir intervenções atempadas [60].

3.11. Máquinas automatizadas

Existem máquinas automatizadas, como tractores e ceifeiras, que podem funcionar de forma autónoma com um mínimo de trabalho humano. Com a utilização da IA, muitas tarefas na área podem ser efectuadas com precisão [61].

3.11.1. Segurança cibernética

As empresas de cibersegurança estão a adotar redes neuronais, aprendizagem automática e processamento de linguagem natural para melhorar os seus sistemas [62]. As aplicações da IA na cibersegurança incluem:

- Proteção da rede: A aprendizagem automática melhora os sistemas de deteção de intrusões, alargando a pesquisa para além das ameaças previamente identificadas.
- Proteção dos terminais: Ataques como o ransomware podem ser impedidos através da aprendizagem de comportamentos típicos de malware.
- Os casos de aplicação de cibersegurança relacionados com a IA variam em termos de benefícios e de complexidade. Características de segurança como a Orquestração, Automatização e Resposta de Segurança (SOAR) e a Deteção e Resposta Alargada de Pontos Finais (XDR) oferecem benefícios significativos para as empresas, mas exigem esforços significativos de integração e adaptação [63].
- Segurança das aplicações: pode ajudar a contrariar ataques como a falsificação de pedidos do lado do servidor, a injeção de SQL, o cross-site scripting e a negação de serviço distribuída.
- A tecnologia de IA também pode ser utilizada para melhorar a segurança do sistema e salvaguardar a nossa privacidade. Randrianasolo (2012) sugeriu um sistema de segurança baseado na inteligência artificial que pode reconhecer intrusões e adaptar-

se para ter um melhor desempenho [64]. A fim de melhorar a segurança da computação em nuvem, Sahil (2015) criou um sistema de perfis de utilizador para o ambiente de nuvem com técnicas de IA [65].

- Suspeitar do comportamento do utilizador: A aprendizagem automática pode identificar fraudes ou aplicações comprometidas à medida que estas ocorrem [66].

O czar da fraude da Google, Shuman Ghosemajumder, afirmou que a IA será utilizada para automatizar completamente a maioria das operações de cibersegurança ao longo do tempo [67].

3.12. Educação

A IA eleva o ensino, centrando-se em questões importantes como o nexo de conhecimento e a igualdade educativa. A evolução da IA na educação e na tecnologia deve ser utilizada para melhorar as capacidades humanas nas relações em que não substitui os seres humanos. A UNESCO reconhece o futuro da IA na educação como um instrumento para alcançar o Objetivo de Desenvolvimento Sustentável 4, designado "Educação Inclusiva e Equitativa de Qualidade" [68].

3.12.1. Aprendizagem personalizada

Os sistemas de tutoria orientados para a IA, como a Khan Academy, Duo-lingo e Carnegie Learning, estão na vanguarda do ensino personalizado [69]. Estas plataformas utilizam algoritmos de IA para analisar padrões de aprendizagem individuais, pontos fortes e fracos, permitindo a personalização do conteúdo de acordo com o ritmo e o estilo de aprendizagem de cada aluno [69].

3.12.2. Eficiência administrativa

Nos estabelecimentos de ensino, a IA é cada vez mais utilizada para automatizar tarefas de rotina, como a classificação e o controlo da assiduidade, o que permite aos educadores dedicar mais tempo ao ensino interativo e ao envolvimento direto dos alunos [70]. Além disso, as ferramentas de IA são utilizadas para monitorizar o progresso dos alunos, analisar os comportamentos de aprendizagem e prever os desafios académicos, facilitando intervenções atempadas e proactivas para os alunos que possam estar em risco de ficar para trás [70].

3.12.3. Preocupações éticas e de privacidade

Apesar dos benefícios, a integração da IA na educação suscita preocupações éticas e de privacidade significativas, nomeadamente no que respeita ao tratamento de dados sensíveis dos estudantes [69]. É imperativo que os sistemas de IA na educação sejam concebidos e operados com uma forte ênfase na transparência, segurança e respeito pela privacidade para manter a confiança e defender a integridade das práticas educativas [69].

3.13. Finanças

Há muito que as instituições financeiras utilizam sistemas de redes neuronais artificiais para detetar cobranças ou reclamações fora do normal, assinalando-as para investigação humana. A utilização da IA no sector bancário começou em 1987, quando o Security Pacific National Bank lançou um grupo de trabalho de prevenção da fraude para combater a utilização não autorizada de cartões de débito [71].

Os bancos utilizam a IA para organizar as operações, para a contabilidade, o investimento em acções e a gestão de propriedades. A IA pode reagir a mudanças quando o negócio não está a decorrer [72]. A IA é utilizada para combater a fraude e os crimes financeiros, monitorizando os padrões de comportamento para detetar quaisquer alterações ou anomalias anormais [73-75].

A utilização da IA em aplicações como o comércio em linha e a tomada de decisões alterou as principais teorias económicas [76]. Por exemplo, as plataformas de compra e venda baseadas em IA calculam curvas de procura e oferta individualizadas, permitindo assim a fixação de preços individualizados. As máquinas de IA reduzem a assimetria de informação no mercado, tornando-o mais eficiente [77]. A aplicação da inteligência artificial no sector financeiro pode aliviar as restrições de financiamento das empresas não estatais [78].

3.14. Negociação e investimento

A negociação algorítmica envolve a utilização de sistemas de IA para tomar decisões de negociação a velocidades ordens de grandeza superiores à capacidade humana, efectuando milhões de transacções num dia sem intervenção humana. Esta negociação de alta-frequência representa um sector em rápido crescimento. Muitos bancos, fundos e empresas de negociação proprietárias têm atualmente carteiras inteiras geridas por IA. Os sistemas de negociação automatizados são normalmente utilizados por grandes investidores institucionais, mas incluem empresas mais pequenas que negoceiam com os seus próprios sistemas de IA [79].

As grandes instituições financeiras utilizam a IA para ajudar nas suas práticas de investimento. O motor de IA da BlackRock, Aladdin, é utilizado tanto na empresa como pelos clientes para ajudar nas decisões de investimento. As suas funções incluem a utilização de processamento de linguagem natural para analisar texto, como notícias, relatórios de corretores e feeds de redes sociais. Em seguida, avalia o sentimento sobre as empresas mencionadas e atribui uma pontuação. Bancos como o UBS e o Deutsche Bank utilizam o SQREEM (Sequential Quantum Reduction and Extraction Model) para extrair dados, desenvolver perfis de consumidores e combiná-los com produtos de gestão de património [80].

3.15. Subscrição

O prestamista em linha Upstart utiliza a aprendizagem automática para a subscrição [81].

A plataforma Zest Automated Machine Learning (ZAML) da ZestFinance é utilizada para a subscrição de crédito. Esta plataforma utiliza a aprendizagem automática para analisar dados, incluindo transacções de compra e a forma como um cliente preenche um formulário para classificar os mutuários. A plataforma é particularmente útil para atribuir pontuações de crédito a pessoas com um historial de crédito limitado [82].

3.16. Auditoria

A IA torna possível a auditoria contínua. Os potenciais benefícios incluem a redução do risco de auditoria, o aumento do nível de garantia e a redução da duração da auditoria [83]. A auditoria contínua com IA permite a monitorização e a comunicação em tempo real das actividades financeiras, fornecendo às empresas informações atempadas que podem levar a uma rápida tomada de decisões [84].

3.17. Combate ao branqueamento de capitais

O software de IA, como o LaundroGraph, que utiliza conjuntos de dados contemporâneos não optimizados, pode ser utilizado para o combate ao branqueamento de capitais (AML) [85, 86]. A IA pode ser utilizada para "desenvolver o pipeline AML numa solução robusta e escalável com uma taxa reduzida de falsos positivos e uma elevada adaptabilidade" [87]. Um estudo sobre a aprendizagem profunda para o combate ao branqueamento de capitais identificou "os principais desafios para os investigadores" que consistem em ter "acesso a dados de transacções reais recentes e escassez de dados de formação rotulados; e o facto de os dados serem altamente desequilibrados" e sugere que a investigação futura deve trazer "explicabilidade, aprendizagem profunda de gráficos utilizando o processamento de linguagem natural (PNL), aprendizagem não supervisionada e de reforço para lidar com a falta de dados rotulados; e programas de investigação conjuntos entre a comunidade de investigação e a indústria para beneficiar do conhecimento do domínio e do acesso controlado aos dados" [88].

Os bancos utilizam a aprendizagem automática (ML) para melhorar a monitorização dos processos e demonstrar a capacidade de responder eficazmente à evolução das técnicas [89]. Através da aprendizagem automática e de outros métodos, as organizações financeiras podem detetar operações de branqueamento e executar a conformidade de forma automatizada e muito rápida [89].

3.18. História

Na década de 1980, a IA começou a tornar-se proeminente no sector financeiro, com a comercialização de sistemas especializados. Por exemplo, a Dupont criou 100 sistemas especializados, que a ajudaram a poupar quase 10 milhões de dólares por ano [90]. Um dos primeiros sistemas foi o sistema especialista Pro-trader que previu a queda de 87 pontos na Média Industrial Dow Jones em 1986. "As principais junções do sistema consistiam em monitorizar os prémios do mercado, determinar a melhor estratégia de investimento, executar transacções quando necessário e modificar a base de conhecimentos através de um mecanismo de aprendizagem" [91].

Um dos primeiros sistemas periciais a ajudar nos planos financeiros foi o PlanPowerm e o Client Profiling System, criado pela Applied Expert Systems (APEX). Foi lançado em 1986. Ajudava a criar planos financeiros pessoais para as pessoas [92].

Na década de 1990, a IA foi aplicada à deteção de fraudes. Em 1993, foi lançado o FinCEN Artificial Intelligence System (FAIS). Este sistema tinha capacidade para analisar mais de 200 000 transacções por semana e, em dois anos, ajudou a identificar 400 casos potenciais de branqueamento de capitais no valor de mil milhões de dólares [93]. Estes sistemas especializados foram mais tarde substituídos por sistemas de aprendizagem automática [94]. Neste contexto, a IA pode reforçar a atividade empresarial e é uma das áreas mais dinâmicas para as empresas em fase de arranque, com um fluxo significativo de capital de risco para a IA [95].

3.18.1. Governo

Os sistemas de reconhecimento facial por IA são utilizados para a vigilância em massa, nomeadamente na China [96, 97]. Em 2019, Bengaluru, na Índia, implantou sinais de trânsito geridos por IA. Este sistema utiliza câmaras para monitorizar a densidade do tráfego e ajustar a temporização dos sinais com base no intervalo necessário para desobstruir o tráfego [98].

3.18.2. Militar

Vários países estão a implementar aplicações militares de IA [99]. As principais aplicações melhoram o comando e o controlo, as comunicações, os sensores, a integração e a interoperabilidade [100]. A investigação visa a recolha e análise de informações, a logística, as ciberoperações, as operações de informação e os veículos semiautónomos e autónomos [99]. As tecnologias de IA permitem a coordenação de sensores e de sensores de efeito, a deteção e a identificação de ameaças, a marcação de posições inimigas, a aquisição de alvos, a coordenação e a desconfiança de Fogos Conjuntos distribuídos entre veículos de combate em rede envolvendo equipas tripuladas e não tripuladas. A IA foi incorporada nas operações militares no Iraque e na Síria.

Em 2023, o Departamento de Defesa dos Estados Unidos testou a IA generativa baseada em modelos linguísticos de grande dimensão para digitalizar e integrar dados nas forças armadas [101].

Na guerra Israel-Hamas de 2023, Israel utilizou dois sistemas de IA para gerar alvos a atingir: Habsora (traduzido: "o evangelho") foi utilizado para compilar uma lista de edifícios a atingir, enquanto "Lavender" produziu uma lista de pessoas. O "Lavender" produziu uma lista de 37.000 pessoas a atingir [102, 103]. A lista de edifícios a atingir incluía casas particulares em Gaza de pessoas suspeitas de estarem ligadas a operacionais do Hamas.

A combinação da tecnologia de seleção de alvos por IA com a mudança de política de evitar alvos civis resultou num número sem precedentes de mortes de civis. Os oficiais das IDF afirmam que o programa aborda a questão anterior de a força aérea ficar sem alvos. Usando o Habsora, os oficiais dizem que os suspeitos e os membros mais jovens do Hamas aumentam significativamente o "banco de alvos da IA". Uma fonte interna descreve o processo como uma "fábrica de assassínios em massa" [104, 105].

A despesa militar anual mundial em robótica aumentou de 5,1 mil milhões de dólares em 2010 para 7,5 mil milhões de dólares em 2015 [106, 107]. Os drones militares com capacidade de ação autónoma são amplamente utilizados [108]. Muitos investigadores evitam aplicações militares.

3.19. Cuidados de saúde

Radiografia de uma mão, com cálculo automático da idade óssea por um software de computador Um braço cirúrgico do lado do doente do Sistema Cirúrgico Da Vinci

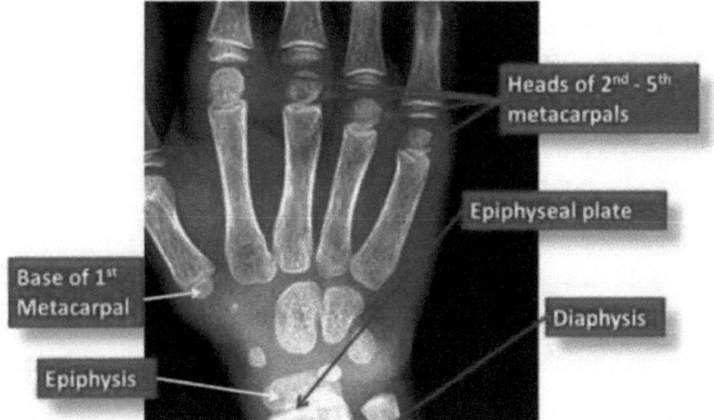

A IA nos cuidados de saúde é frequentemente utilizada para classificação, para avaliar uma TAC ou um eletrocardiograma ou para identificar doentes de alto risco para a saúde da população. A IA está a ajudar a resolver o problema dos custos elevados da dosagem. Um estudo sugeriu que a IA poderia poupar 16 mil milhões de dólares. Em 2016, um estudo referiu que uma fórmula derivada da IA determinou a dose correcta de medicamentos imunossupressores a administrar a doentes transplantados [109]. A investigação atual indica que as doenças vasculares não cardíacas também estão a ser tratadas com inteligência artificial (IA). Para determinadas doenças, os algoritmos de IA podem ajudar no diagnóstico, nos tratamentos recomendados, na previsão de resultados e no acompanhamento da evolução dos doentes. À medida que a tecnologia de IA avança, prevê-se que se torne mais significativa no sector dos cuidados de saúde [110].

A deteção precoce de doenças como o cancro é possível graças aos algoritmos de IA, que diagnosticam doenças através da análise de conjuntos complexos de dados médicos. Por exemplo, o sistema IBM Watson pode ser utilizado para analisar dados maciços, como registos médicos e ensaios clínicos, para ajudar a diagnosticar um problema [111]. o projeto Hanover de IA da Microsoft ajuda os médicos a escolher tratamentos contra o cancro entre mais de 800 medicamentos e vacinas [112, 113]. O seu objetivo é memorizar todos os documentos relevantes para prever quais os medicamentos (combinações de medicamentos) que serão mais eficazes para cada doente. A leucemia mieloide é um dos alvos. Outro estudo relatou uma IA que era tão boa como os médicos na identificação de cancros da pele [114]. Outro projeto monitoriza vários doentes de alto risco, fazendo perguntas a cada um deles com base nos dados adquiridos nas interacções médico-doente [115]. Num estudo realizado com aprendizagem por transferência, uma IA diagnosticou doenças oculares de forma semelhante a um oftalmologista e recomendou tratamentos [116].

Outro estudo demonstrou a realização de uma cirurgia com um robô autónomo. A equipa supervisionou o robô enquanto este realizava uma cirurgia de tecidos moles, costurando o intestino de um porco julgado melhor do que um cirurgião [117].

As redes neuronais artificiais são utilizadas como sistemas de apoio à decisão clínica para o diagnóstico médico [118], tal como na tecnologia de processamento de conceitos no software EMR. Outras tarefas no domínio dos cuidados de saúde consideradas adequadas para uma IA que estão a ser desenvolvidas incluem:

- Rastreio [119]
- Análise do som do coração [120]

- Robôs de companhia para cuidados a idosos [121]
- Análise de registos médicos
- Conceção do plano de tratamento
- Gestão de medicamentos

- Assistência a invisuais [122]
- Consultas
- Criação de medicamentos [123] (por exemplo, através da identificação de medicamentos candidatos [124] e da utilização de dados de rastreio de medicamentos existentes, como na investigação sobre o prolongamento da vida) [125]
- Formação clínica [126]
- Identificação de assinaturas genómicas de novos agentes patogénicos [127] ou identificação de agentes patogénicos através de impressões digitais baseadas na física [128]
- Ajudar a ligar os genes às suas funções [129], analisar os genes de outra forma [130] e identificar novos alvos biológicos [131]
- Ajudar o desenvolvimento de biomarcadores [131]
- Ajudar a adaptar as terapias aos indivíduos na medicina personalizada/medicina de precisão [131-133]

3.19.1. Saúde e segurança no local de trabalho

Os chatbots com IA reduzem a necessidade de humanos para efetuar tarefas básicas de call center [134].

A aprendizagem automática na análise de sentimentos pode detetar a fadiga, a fim de prevenir o excesso de trabalho [134]. Do mesmo modo, os sistemas de apoio à decisão podem prevenir catástrofes industriais e tornar a resposta a essas catástrofes mais eficiente [135]. Para os trabalhadores manuais no manuseamento de materiais, a análise preditiva pode ser utilizada para reduzir as lesões músculo-esqueléticas [136]. Os dados recolhidos por sensores portáteis podem melhorar a vigilância da saúde no local de trabalho, a avaliação dos riscos e a investigação [135].

A IA pode codificar automaticamente os pedidos de indemnização dos trabalhadores [137, 138]. Os sistemas de realidade virtual com recurso à IA podem melhorar a formação em segurança para o reconhecimento de perigos [135]. A IA pode detetar mais eficazmente os quase-acidentes, que são importantes para reduzir as taxas de acidentes, mas são frequentemente subnotificados [139].

3.19.2. Bioquímica

O AlphaFold 2 pode determinar a estrutura 3D de uma proteína (dobrada) em horas, em vez dos meses exigidos pelas abordagens automatizadas anteriores, e foi utilizado para fornecer as estruturas prováveis de todas as proteínas do corpo humano e, essencialmente, de todas as proteínas conhecidas pela ciência (mais de 200 milhões) [140-143].

3.19.3. Química e Biologia

A aprendizagem automática tem sido utilizada na conceção de medicamentos. Também tem sido utilizada para pré-dizer propriedades moleculares e explorar grandes espaços de reacções químicas [144]. As sínteses planeadas por computador através de redes de reacções computacionais, descritas como uma plataforma que combina "síntese computacional com algoritmos de IA para prever propriedades moleculares" [145], têm sido utilizadas para explorar as origens da vida na Terra
[146] A sua atividade é a de desenvolver e desenvolver vias para a reciclagem de 200 resíduos químicos industriais em medicamentos e agroquímicos importantes (conceção de síntese química)
[147] . Há investigação sobre os tipos de química assistida por computador que poderiam beneficiar da aprendizagem automática [148]. Pode também ser utilizada para "descoberta e desenvolvimento de medicamentos, reorientação de medicamentos, melhoria da produtividade farmacêutica e ensaios clínicos" [149]. Tem sido utilizada para a conceção de proteínas com sítios funcionais pré-especificados [150, 151].

Foi utilizado com bases de dados para o desenvolvimento de um processo de 46 dias para conceber, sintetizar e testar um medicamento que inibe as enzimas de um gene específico, o DDR1. O DDR1 está envolvido em cancros e fibrose, o que é uma das razões para os conjuntos de dados de alta qualidade que permitiram estes resultados [152]. Há vários tipos de aplicações para a aprendizagem automática na descodificação da biologia humana, como ajudar a mapear padrões de expressão genética para padrões de ativação funcional [153] ou identificar motivos de ADN funcionais [154]. É amplamente utilizada na investigação genética [155]. Além disso, a aprendizagem automática é utilizada na biologia sintética [156, 157], na biologia das doenças [157], na nanotecnologia (por exemplo, materiais nanoestruturados e bionanotecnologia) [158, 159] e na ciência dos materiais [160-162].

3.20. Novos tipos de aprendizagem automática

Esquema do processo de um robô cientista semi-automatizado que inclui a extração de declarações da Web e testes laboratoriais biológicos. Existem também protótipos de robôs-cientistas, incluindo robôs-incorporados como os dois robôs-cientistas, que demonstram uma forma de "aprendizagem automática" não habitualmente associada ao termo [163, 164]. Do mesmo modo, há investigação e desenvolvimento de "computadores wetware" biológicos que podem aprender (por exemplo, para serem utilizados como biossensores) e/ou implantados no corpo de um organismo (por exemplo, para controlar próteses) [165-167]. Os neurónios artificiais baseados em polímeros funcionam diretamente em ambientes biológicos e definem neurónios bio-híbridos feitos de componentes artificiais e vivos [168, 169]. Além disso, se a emulação de todo o cérebro for possível através da digitalização e da réplica do cérebro, pelo menos bioquímico - tal como se prevê na forma de replicação digital em The Age of Em, possivelmente utilizando redes neuronais físicas - isso poderá ter aplicações tão ou mais vastas do que, por exemplo, as actividades humanas valorizadas e poderá implicar que o cérebro seja capaz de se adaptar a todas as situações. actividades humanas valiosas e pode implicar que a sociedade se veja confrontada com escolhas morais substanciais, riscos societais e problemas éticos [170, 171], tais como a questão de saber se (e como) esses cérebros são construídos, enviados através do espaço e utilizados em comparação com tipos de inteligência artificial/semi-artificial potencialmente concorrentes, por exemplo, potencialmente mais sintéticos e/ou menos humanos e/ou não/sencientes. Uma abordagem alternativa ou aditiva à exploração são os tipos de engenharia inversa do cérebro [172, 173].

Uma subcategoria de inteligência artificial é a incorporada [174, 175], algumas das quais são sistemas robóticos móveis que consistem em um ou vários robôs capazes de aprender no mundo físico.

3.20.1. Fantasmas digitais
3.20.1.1. Computação biológica na IA e como IA

No entanto, os computadores biológicos, mesmo que sejam altamente artificiais e inteligentes, distinguem-se normalmente dos computadores sintéticos, muitas vezes baseados em silício - podem, no entanto, ser combinados ou utilizados para a conceção de qualquer um deles. Além disso, muitas tarefas podem ser realizadas de forma inadequada pela inteligência artificial, mesmo que os algoritmos sejam transparentes, compreendidos, isentos de preconceitos, aparentemente eficazes e alinhados com os objectivos, e que os seus dados treinados sejam suficientemente grandes e limpos - como nos casos em que as métricas, os valores ou os dados subjacentes ou disponíveis são inadequados.

Auxiliado por computador é uma expressão utilizada para descrever actividades humanas que utilizam a informática como ferramenta em actividades e sistemas mais abrangentes, como a IA, para tarefas limitadas ou para as utilizar sem depender substancialmente dos seus resultados (ver também: human-in-the-loop). Um estudo descreveu o biológico como uma limitação da IA: "enquanto o sistema biológico não puder ser compreendido, formalizado e imitado, não seremos capazes de desenvolver tecnologias que o imitem" e o facto de ser compreendido não significa que exista "uma solução tecnológica para imitar a inteligência natural" [176]. As tecnologias que integram a biologia e são frequentemente baseadas na IA incluem a biorobótica.

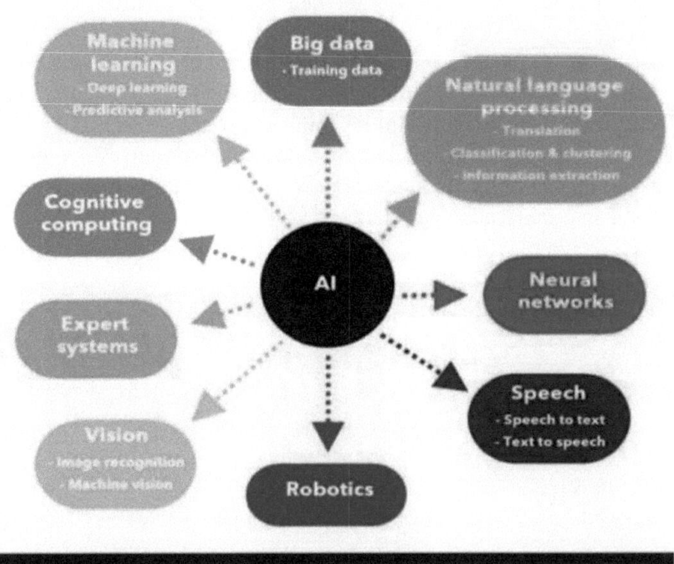

3.20.1.2. Astronomia, actividades espaciais e ufologia

A inteligência artificial é utilizada em astronomia para analisar quantidades crescentes de dados disponíveis [177, 178] e aplicações, principalmente para "classificação, regressão, agrupamento, previsão, geração, descoberta e desenvolvimento de novos conhecimentos científicos", por exemplo, para descobrir exoplanetas, prever a atividade solar e distinguir entre sinais e efeitos instrumentais na astronomia das ondas gravitacionais [179]. Poderá também ser utilizada para actividades no espaço, como a exploração espacial, incluindo a análise de dados de missões espaciais, decisões científicas em tempo real de naves espaciais, prevenção de detritos espaciais [180] e funcionamento mais autónomo [181183].

Na procura de inteligência extraterrestre (SETI), a aprendizagem automática tem sido utilizada na tentativa de identificar ondas electromagnéticas geradas artificialmente nos dados disponíveis [184, 185] - como observações em tempo real [186] - e outras assinaturas técnicas, por exemplo, através da deteção de anomalias [187]. Em ufologia, o projeto SkyCAM-5, dirigido pelo Prof. Hakan Kayal [188], e o projeto Galileo, dirigido pelo Prof. Avi Loeb, utilizam a aprendizagem automática para detetar e classificar tipos peculiares de OVNIs [189193]. O Projeto Galileo também procura detetar dois outros tipos de potenciais assinaturas tecnológicas extraterrestres com a utilização de IA: objectos interestelares do tipo 'Oumuamua e satélites artificiais não fabricados pelo homem [194, 195].

3.21. Aplicações futuras ou não humanas

Loeb especulou que um tipo de equipamento tecnológico que o

projeto pode detetar poderia ser "astronautas com IA" [196] e, em 2021
- num artigo de opinião - que a IA "irá" "suplantar a inteligência
natural" [197], enquanto Martin Rees afirmou que "pode" haver mais
civilizações do que se pensava, sendo a "maioria delas" artificial [198].
Em particular, as aplicações da inteligência artificial num futuro médio/
/distante ou não-humano poderão incluir formas avançadas de
inteligência artificial geral que se dediquem à colonização do espaço ou
tipos de IA mais restritos, específicos dos voos espaciais. Em
contrapartida, tem havido preocupações em relação a potenciais AGI
ou IA capazes de colonização espacial embrionária ou, de um modo
mais geral, de colonização espacial baseada na inteligência natural, tais
como a "segurança dos encontros com uma IA alienígena" [199, 200],
os riscos de sofrimento (ou objectivos inversos) [201, 202], a
licença/responsabilidade moral em relação aos efeitos da colonização
[203] ou a IA que se tornou desonesta (por exemplo, como retratada
nos fictícios David8 e HAL 9000). Ver também: direito espacial e ética
espacial. Loeb descreveu a possibilidade de "astronautas com IA" que
se envolvem numa "evolução supervisionada" [204].

3.21.1. Astroquímica

Também pode ser utilizado para produzir conjuntos de dados de
assinaturas espectrais de moléculas que possam estar envolvidas na
produção ou consumo atmosférico de determinados produtos químicos
- como a fosfina possivelmente detectada em Vénus - o que poderia
evitar erros de atribuição e, se a precisão for melhorada, ser utilizado
em futuras detecções e identificações de moléculas noutros planetas
[205].

3.22. Outros domínios de investigação
3.22.1. Provas de impactos gerais

Em abril de 2024, o Mecanismo de Aconselhamento Científico da
Comissão Europeia publicou um parecer [206] que incluía uma análise
exaustiva dos dados sobre as oportunidades e os desafios colocados pela
inteligência artificial na investigação científica. Como benefícios, a
análise de provas [207] destacou

- o seu papel na aceleração da investigação e da inovação
- a sua capacidade de automatizar os fluxos de trabalho

- melhorar a divulgação dos trabalhos científicos

Como desafios:

- limitações e riscos em matéria de transparência, reprodutibilidade e interpretabilidade
- mau desempenho (inexatidão)
- risco de danos devido a utilização indevida ou não intencional
- preocupações societais, incluindo a disseminação de informações incorrectas e o aumento das desigualdades

3.22.2. Arqueologia, história e imagiologia dos sítios

A aprendizagem automática pode ajudar a restaurar e atribuir textos antigos [208]. Pode ajudar a indexar textos, por exemplo, para permitir uma pesquisa melhor e mais fácil [209] e a classificação de fragmentos [210].

A inteligência artificial também pode ser utilizada para investigar genomas e descobrir a história genética, como o cruzamento entre humanos arcaicos e modernos, o que permitiu inferir a existência no passado de uma população fantasma, não Neandertal ou Denisovan [211]. Mais informações: ADN antigo § ADN humano e História genética da Europa. Pode também ser utilizado para "acesso não invasivo e não destrutivo a estruturas internas de vestígios arqueológicos" [212].

3.22.3. Física

Foi referido que um sistema de aprendizagem profunda aprende física intuitiva a partir de dados visuais (de ambientes virtuais 3D) com base numa abordagem inédita inspirada em estudos de cognição visual em bebés [213, 214]. Outros investigadores desenvolveram um algoritmo de aprendizagem automática que pode descobrir conjuntos de variáveis básicas de vários sistemas físicos e prever a dinâmica futura dos sistemas a partir de gravações vídeo do seu comportamento [215, 216]. No futuro, é possível que este tipo de algoritmo possa ser utilizado para automatizar a descoberta de leis físicas de sistemas complexos.

3.22.4. Ciência dos materiais

A IA pode ser utilizada para a otimização e descoberta de materiais, como a descoberta de materiais estáveis e a previsão da sua estrutura cristalina [217-219].

Em novembro de 2023, investigadores da Google DeepMind e do Lawrence Berkeley National Laboratory anunciaram que tinham desenvolvido um sistema de IA conhecido como GNoME. Este sistema contribuiu para a ciência dos materiais ao descobrir mais de 2 milhões de novos materiais num período de tempo relativamente curto. O GNoME utiliza técnicas de aprendizagem profunda para explorar eficientemente potenciais estruturas de materiais, conseguindo um aumento significativo na identificação de estruturas cristalinas inorgânicas estáveis.

Os dados dos materiais recém-descobertos estão disponíveis publicamente através da base de dados do Projeto de Materiais, oferecendo aos investigadores a oportunidade de identificar materiais com as propriedades desejadas para várias aplicações. Este desenvolvimento tem implicações para o futuro da descoberta científica e para a integração da IA na investigação da ciência dos materiais, potencialmente acelerando a inovação de materiais e reduzindo os custos no desenvolvimento de produtos. A utilização da IA e da aprendizagem profunda sugere a possibilidade de minimizar ou eliminar as experiências laboratoriais manuais e permitir que os cientistas se concentrem mais na conceção e análise de compostos únicos [220-222].

3.22.5. Engenharia inversa

A aprendizagem automática é utilizada em diversos tipos de engenharia inversa. Por exemplo, a aprendizagem automática tem sido utilizada para efetuar a engenharia inversa de uma peça de material compósito, permitindo a produção não autorizada de peças de alta qualidade [223], e para compreender rapidamente o comportamento de malware [224-226]. Pode ser utilizada para fazer engenharia inversa de modelos de inteligência artificial [227]. Pode também conceber componentes através de um tipo de engenharia inversa de componentes virtuais ainda não existentes, como a conceção molecular inversa para uma determinada funcionalidade desejada [228] ou a conceção de proteínas para sítios funcionais pré-especificados [150, 151]. A engenharia inversa de redes biológicas pode modelizar as interacções de uma forma compreensível para o ser humano, por exemplo, com base em dados de séries temporais de níveis de expressão genética [229].

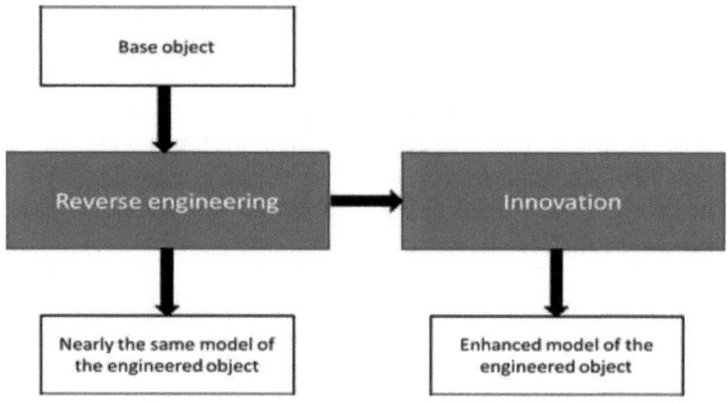

3.22.6. Direito
3.22.6.1. Análise jurídica

A IA é um dos pilares das profissões ligadas ao direito. Os algoritmos e a aprendizagem automática executam algumas tarefas anteriormente realizadas por advogados principiantes [230]. Embora a sua utilização seja comum, não se prevê que venha a substituir a maior parte do trabalho efectuado pelos advogados num futuro próximo [231]. A indústria da descoberta eletrónica utiliza a aprendizagem automática para reduzir a pesquisa manual [232].

3.22.6.2. Aplicação da lei e processos judiciais

As autoridades policiais começaram a utilizar sistemas de reconhecimento facial (FRS) para identificar suspeitos a partir de dados visuais. Os resultados dos FRS provaram ser mais exactos quando comparados com os resultados das testemunhas oculares. Além disso, os FRS demonstraram ter uma capacidade muito maior de identificar indivíduos quando a nitidez e a visibilidade do vídeo são baixas em comparação com os participantes humanos [233].

O COMPAS é um sistema comercial utilizado pelos tribunais dos EUA para avaliar a probabilidade de reincidência [234]. Uma das preocupações prende-se com o enviesamento algorítmico: os programas de IA podem tornar-se enviesados após o processamento de dados que apresentem enviesamento [235]. A ProPublica afirma que o nível médio de risco de reincidência atribuído pelo COMPAS aos arguidos negros é significativamente mais elevado do que o dos arguidos brancos [234].

Em 2019, a cidade de Hangzhou, na China, criou um programa-piloto de um Tribunal da Internet baseado na inteligência artificial para julgar litígios relacionados com o comércio eletrónico e reivindicações de propriedade intelectual relacionadas com a Internet [236]. As partes comparecem perante o tribunal através de videoconferência e a IA avalia as provas apresentadas e aplica as normas jurídicas pertinentes [236].

3.23. Serviços
3.23.1. Recursos Humanos

Outra aplicação da IA é nos recursos humanos. A IA pode selecionar currículos e classificar candidatos com base nas suas qualificações, prever o sucesso dos candidatos em determinadas funções e automatizar tarefas de comunicação repetitivas através de chatbots [237].

3.23.2. Procura de emprego

A IA simplificou o processo de procura de emprego tanto para os recrutadores como para os candidatos a emprego. De acordo com Raj Mukherjee do Indeed, 65% das pessoas que procuram emprego voltam a procurar no prazo de 91 dias após a contratação. Um motor alimentado por IA simplifica a complexidade da procura de emprego, avaliando informações sobre competências profissionais, salários e tendências dos utilizadores, fazendo corresponder os candidatos a emprego às posições mais relevantes. A inteligência artificial calcula os salários adequados e destaca as informações do currículo para os recrutadores utilizando a PNL, que extrai palavras e frases relevantes do texto. Outra aplicação é um criador de currículos com IA que compila um CV em 5 minutos [238]. Os chatbots ajudam os visitantes do sítio Web e aperfeiçoam os fluxos de trabalho.

3.23.3. Serviço de apoio ao cliente online e telefónico

Um assistente em linha automatizado que presta serviço ao cliente numa página Web A IA está na base dos avatares (assistentes em linha automatizados) nas páginas Web [239]. Pode reduzir os custos de funcionamento e de formação [239]. A Pypestream automatizou o serviço de apoio ao cliente para a sua aplicação móvel, a fim de simplificar a comunicação com os clientes [240].

Uma aplicação da Google analisa a linguagem e converte o discurso em texto. A plataforma pode identificar clientes zangados através da sua linguagem e responder adequadamente [241]. A Amazon utiliza um chatbot para o serviço de apoio ao cliente que pode realizar tarefas como verificar o estado de uma encomenda, cancelar encomendas, oferecer reembolsos e ligar o cliente a um representante humano [242].

3.24. Hospitalidade

No sector da hotelaria, a IA é utilizada para reduzir as tarefas repetitivas, analisar tendências, interagir com os hóspedes e prever as necessidades dos clientes [243]. Os serviços hoteleiros com IA apresentam-se sob a forma de chatbot [244], aplicação, assistente de voz virtual e robots de serviço.

3.25. Media
3.25.1. Restauração de imagens

As aplicações de IA analisam conteúdos multimédia, como filmes, programas de televisão, vídeos publicitários ou conteúdos gerados pelos utilizadores. As soluções envolvem frequentemente a visão por computador. Os cenários típicos incluem a análise de imagens utilizando técnicas de reconhecimento de objectos ou de rostos, ou a análise de vídeo para reconhecimento de cenas, objectos ou rostos. A análise dos meios de comunicação baseada na IA pode facilitar a pesquisa de meios de comunicação, a criação de palavras-chave descritivas para os conteúdos, a monitorização da política de conteúdos (como a verificação da adequação dos conteúdos a um determinado tempo de visualização televisiva), a conversão de voz em texto para fins de arquivo ou outros e a deteção de logótipos, produtos ou rostos de celebridades para colocação de anúncios.

- Interpolação de movimento [245]
- Algoritmos de escalonamento de pixel-art [246]
- Escalonamento de imagens [247]
- Restauro de imagens [248, 249]
- Coloração de fotografias [250]
- Restauro de filmes e melhoramento de vídeos [251]
- Marcação de fotografias [252]
- Imagem para vídeo [253]
- Texto para vídeo, como o Make-A-Video da Meta, o Imagen video e o Phenaki da Google
- Texto para música com modelos de IA como o MusicLM [254, 255]
- Captura de movimentos [256]

3.25.2. Falsificações profundas

Os deep-fakes podem ser utilizados para fins cómicos, mas são mais conhecidos por notícias falsas e embustes.

Em janeiro de 2016 [257], o programa Horizonte 2020 financiou o projeto InVID [258, 259] para ajudar os jornalistas e os investigadores a detetar documentos falsos, disponibilizados sob a forma de plugins para o navegador [260, 261].

Em junho de 2016, o grupo de computação visual da Universidade Técnica de Munique e da Universidade de Stanford desenvolveu o Face2Face [262], um programa que anima fotografias de rostos, imitando as expressões faciais de outra pessoa. A tecnologia foi demonstrada animando os rostos de pessoas como Barack Obama e Vladimir Putin. Foram demonstrados outros métodos baseados em redes neuronais profundas, de onde foi retirado o nome deep fake.

Em setembro de 2018, o senador norte-americano Mark Warner propôs penalizar as empresas de redes sociais que permitem a partilha de documentos "deep-fake" nas suas plataformas [263].

Em 2018, Darius Afchar e Vincent Nozick descobriram uma forma de detetar conteúdos falsos através da análise das propriedades mesoscópicas dos fotogramas de vídeo [264]. A DARPA concedeu 68 milhões de dólares para trabalhar na deteção de falsificações profundas [264].

Foram desenvolvidos deepfakes de áudio [265, 266] e software de IA capaz de detetar deepfakes e clonar vozes humanas [267, 268].

3.25.3. Análise de conteúdo de vídeo, vigilância e
Deteção de meios manipulados
3.25.1. Inteligência Artificial

A videovigilância por inteligência artificial utiliza programas informáticos que analisam o áudio e as imagens das câmaras de videovigilância para reconhecer pessoas, veículos, objectos e eventos. O programa dos contratantes de segurança é o software que define as áreas restritas dentro da visão da câmara (como uma área vedada, um parque de estacionamento, mas não o passeio ou a rua pública fora do parque) e programa as horas do dia (como após o fecho do negócio) para a propriedade protegida pela câmara de vigilância. A inteligência artificial ("I.A.") envia um alerta se detetar um intruso a violar a "regra" definida de que não é permitida a entrada de pessoas nessa área durante essa hora do dia. Os algoritmos de IA têm sido utilizados para detetar vídeos falsos [269, 270].

3.25.1.1. Produção de vídeo

A Inteligência Artificial está também a começar a ser utilizada na produção de vídeo, com o desenvolvimento de ferramentas e programas informáticos que utilizam IA generativa para criar novos vídeos ou alterar vídeos existentes. Algumas das principais ferramentas que estão a ser utilizadas nestes processos são o DALL-E, o Mid-journey e o Runway [271]. A Way mark Studios utilizou as ferramentas oferecidas por DALL-E e Mid-journey para criar um filme totalmente gerado por IA chamado The Frost no verão de 2023 [271]. A Way mark Studios está a experimentar utilizar estas ferramentas de IA para gerar anúncios e comerciais para empresas em meros segundos [271]. Yves Bergquist, diretor do AI & Neuroscience in Media Project no Entertainment Technology Center da USC, afirma que as equipas de pós-produção em Hollywood já estão a utilizar a IA generativa e prevê que, no futuro, mais empresas adoptarão esta nova tecnologia [272].

3.25.1.2. Música

David Cope criou uma IA chamada Emily Howell que conseguiu tornar-se bem conhecida no domínio da música computorizada algorítmica [273]. O algoritmo subjacente a Emily Howell está registado como patente nos EUA [274].

Em 2012, AI Iamus criou o primeiro álbum clássico completo [275]. AIVA (Artificial Intelligence Virtual Artist) compõe música sinfónica, principalmente música cassificada para partituras de filmes [276]. Conseguiu uma estreia mundial ao tornar-se o primeiro compositor virtual a ser reconhecido por uma associação profissional de música [277].

A Melomics cria música gerada por computador para aliviar o stress e a dor [278].

O Watson Beat utiliza a aprendizagem por reforço e as redes de crenças profundas para compor música a partir de uma melodia de entrada simples e de um estilo selecionado. O software era de fonte aberta [279] e músicos como Taryn Southern [280] colaboraram com o projeto para criar música.

A canção de estreia da cantora sul-coreana Hayeon, "Eyes on You", foi composta com recurso a IA que foi supervisionada por compositores reais, incluindo NUVO [281].

3.26. Redação e elaboração de relatórios

A Narrative Science vende notícias e relatórios gerados por computador. Faz um resumo de eventos desportivos com base em dados estatísticos do jogo. Também cria relatórios financeiros e análises imobiliárias [282]. A Automated Insights gera recapitulações e antevisões personalizadas para o Yahoo Sports Fantasy Football [283].

Yseop utiliza a IA para transformar dados estruturados em comentários e recomendações em linguagem natural. A Yseop redige relatórios financeiros, resumos executivos, documentos personalizados de vendas ou marketing e muito mais em várias línguas, incluindo inglês, espanhol, francês e alemão [284].

O TALESPIN inventava histórias semelhantes às fábulas de Esopo.

O programa começava com um conjunto de personagens que queriam atingir determinados objectivos. A história narrava as suas tentativas para satisfazer esses objectivos. Mark Riedl e Vadim Bulitko afirmaram que a essência da narração de histórias era a gestão da experiência, ou "como equilibrar a necessidade de uma progressão coerente da história com a agência do utilizador, que está frequentemente em conflito" [285].

Embora a narração de histórias com IA se centre na criação de histórias (personagem e enredo), a comunicação de histórias também recebeu atenção. Em 2002, os investigadores desenvolveram uma estrutura arquitetónica para a geração de prosa narrativa. Reproduziram fielmente a variedade e a complexidade do texto em histórias como o Capuchinho Vermelho [286]. Em 2016, uma IA japonesa co-escreveu um conto e quase ganhou um prémio literário [287].

A empresa sul-coreana Hanteo Global utiliza um robot de jornalismo para escrever artigos [288]. Os autores literários também estão a explorar as utilizações da IA. Um exemplo é a obra ReRites (2017-2019) de David Jhave Johnston, em que o poeta criou um rito diário de edição da produção poética de uma rede neural para criar uma série de actuações e publicações.

3.26.1. Escrita desportiva

Em 2010, a inteligência artificial utilizou estatísticas de basebol para gerar automaticamente artigos noticiosos. Esta iniciativa foi lançada pela The Big Ten Network utilizando um software da Narrative Science [289].

Depois de não conseguir cobrir todos os jogos da Minor League Baseball com uma grande equipa de pessoas, a Associated Press colaborou com a Automated Insights em 2016 para criar recapitulações de jogos automatizadas por inteligência artificial [290].

O UOL no Brasil alargou a utilização da IA na sua redação. Em vez de se limitarem a gerar notícias, programaram a IA para incluir palavras frequentemente pesquisadas no Google [290].

Um grupo local de meios de comunicação holandeses utilizou a IA para criar uma cobertura automática do futebol amador, destinada a cobrir 60 000 jogos numa única época. A NDC estabeleceu uma parceria com a United Robots para criar este algoritmo e cobrir o que nunca teria sido possível fazer antes sem uma equipa extremamente grande [290].

O Lede AI foi utilizado em 2023 para recolher os resultados dos jogos de futebol do liceu e gerar automaticamente histórias para o jornal local. Este projeto foi alvo de muitas críticas por parte dos leitores devido à dicção muito robótica que foi publicada. Com algumas descrições de jogos como sendo um "encontro próximo do tipo atlético", os leitores não ficaram satisfeitos e informaram a empresa editora, Gannett, nas redes sociais. Desde então, a Gannett suspendeu a utilização do Lede AI até encontrar uma solução para aquilo a que chama uma experiência [291].

3.26.1. Wikipédia

A inteligência artificial é utilizada na Wikipédia e noutros projectos Wikimedia com o objetivo de desenvolver esses projectos [292, 293]. A interação entre humanos e robôs nos projectos Wikimedia é rotineira e iterativa [294].

Milhões dos seus artigos foram editados por bots [295] que, no entanto, não são geralmente software de inteligência artificial. Muitas plataformas de IA utilizam dados da Wikipédia [296], principalmente para treinar aplicações de aprendizagem automática. Há investigação e desenvolvimento de várias aplicações de inteligência artificial para a Wikipédia, como a identificação de frases desactualizadas [297], a deteção de vandalismo encoberto [298] ou a recomendação de artigos e tarefas a novos editores.

A tradução automática também tem sido utilizada para traduzir artigos da Wikipédia e poderá desempenhar um papel mais importante na criação, atualização, expansão e melhoria geral dos artigos no futuro. Uma ferramenta de tradução de conteúdos permite aos editores de algumas Wikipédias traduzir mais facilmente artigos em várias línguas seleccionadas [299, 300].

3.26.2. Jogos de vídeo

Nos jogos de vídeo, a IA é habitualmente utilizada para gerar comportamentos em personagens não-jogadores (NPCs). Para além disso, a IA é utilizada para encontrar caminhos. Alguns investigadores consideram que a IA de NPCs nos jogos é um "problema resolvido" para a maioria das tarefas de produção. Os jogos com IA menos típica incluem o diretor de IA de Left 4 Dead (2008) e o treino neuro-evolutivo de pelotões em Supreme Commander 2 (2010) [301, 302]. A IA é também utilizada em Alien Isolation (2014) como forma de controlar as acções que o Alien irá realizar a seguir [303].

O Kinect, que fornece uma interface 3D de movimento corporal para a Xbox 360 e a Xbox One, utiliza algoritmos que surgiram da investigação em IA [304].

3.27. Arte

A IA tem sido utilizada para produzir arte visual. O primeiro programa de arte de IA, chamado AARON, foi desenvolvido por Harold Cohen em 1968 [305] com o objetivo de poder codificar o ato de desenhar. Começou por criar desenhos simples a preto e branco e, mais tarde, pintar usando pincéis e tintas especiais escolhidos pelo próprio programa sem a mediação de Cohen [306].

As plataformas de IA, como "DALL-E" [307], Stable Diffusion [307], Imagen [308] e Mid-journey [309], têm sido utilizadas para gerar imagens visuais a partir de entradas como texto ou outras imagens [310]. Algumas ferramentas de IA permitem que os utilizadores introduzam imagens e produzam versões alteradas dessa imagem, por exemplo, para mostrar um objeto ou produto em diferentes ambientes. Os modelos de imagem da IA podem também tentar reproduzir os estilos específicos dos artistas e podem acrescentar complexidade visual a esboços.

Desde a sua conceção em 2014, as redes adversariais generativas (GAN) têm sido utilizadas por artistas de IA. A programação informática das GAN gera imagens técnicas através de quadros de aprendizagem automática que ultrapassam a necessidade de operadores humanos [305].

3.27.1. Análise da arte

Para além da criação de arte original, foram criados métodos de investigação que utilizam a IA para analisar quantitativamente colecções de arte digital. Embora o principal objetivo da digitalização em grande escala de obras de arte nas últimas décadas tenha sido permitir a acessibilidade e a exploração destas colecções, a utilização de IA na sua análise trouxe novas perspectivas de investigação [311]. Dois métodos computacionais, close reading e distant viewing, são as abordagens típicas usadas para analisar arte digitalizada [312]. Enquanto a visualização distante inclui a análise de grandes colecções, a leitura atenta envolve uma peça de arte.

3.28. Animação por computador

A IA tem sido utilizada desde o início dos anos 2000, nomeadamente por um sistema concebido pela Pixar chamado "Genesis" [313]. Foi concebido para aprender algoritmos e criar modelos 3D para as suas personagens e adereços. Entre os filmes que utilizaram esta tecnologia contam-se Up e The Good Dinosaur [314]. A IA tem sido utilizada de forma menos cerimoniosa nos últimos anos. Em 2023, foi revelado que a Netflix do Japão estava a utilizar a IA para gerar imagens de fundo para o seu próximo programa, o que provocou reacções negativas na Internet [315]. Nos últimos anos, a captura de movimentos tornou-se uma forma facilmente acessível de animação com IA. Por exemplo, o Move AI é um programa concebido para capturar qualquer movimento humano e reanimá-lo no seu programa de animação utilizando IA de aprendizagem [316].

3.29. Sistema de energia

Os conversores de eletrónica de potência são utilizados em energias renováveis, armazenamento de energia, veículos eléctricos e transmissão de corrente contínua de alta tensão. Estes conversores são propensos a falhas, que podem interromper o serviço e exigir uma manutenção dispendiosa ou ter consequências catastróficas em aplicações de missão crítica. A IA pode orientar o processo de conceção de conversores electrónicos de potência fiáveis, calculando parâmetros de conceção exactos que garantam o tempo de vida necessário [317].

A aprendizagem automática pode ser utilizada para a previsão e programação do consumo de energia, por exemplo, para ajudar na gestão da intermitência das energias renováveis (ver também: redes inteligentes e atenuação das alterações climáticas na rede eléctrica) [318-321].

3.30. Telecomunicações

Muitas empresas de telecomunicações utilizam a pesquisa heurística para gerir a sua força de trabalho. Por exemplo, o BT Group utilizou a pesquisa heurística [322] numa aplicação que programa 20 000 engenheiros. A aprendizagem automática é também utilizada para o reconhecimento da fala (SR), incluindo de dispositivos controlados por voz, e para a transcrição relacionada com o SR, incluindo de vídeos [323, 324].

3.31. Fabrico
3.31.1. Sensores

A inteligência artificial foi combinada com a espetrometria digital pela Idea Curia Inc. [325, 326], permitindo aplicações como a monitorização da qualidade da água em casa. [325, 326], permitindo aplicações como a monitorização da qualidade da água em casa.

3.31.2. Brinquedos e jogos

Na década de 1990, as primeiras IA controlavam os Tamagotchis e os Giga Pets, a Internet e o primeiro robô lançado em larga escala, o Furby. O Aibo era um robot doméstico com a forma de um cão robótico com características inteligentes e autonomia.

A Mattel criou uma série de brinquedos com IA que "compreendem" as conversas, dão respostas inteligentes e aprendem [327].

3.31.3. Petróleo e gás

As empresas do sector do petróleo e do gás utilizaram ferramentas de inteligência artificial para automatizar funções, prever problemas nos equipamentos e aumentar a produção de petróleo e gás [328, 329].

3.32. Transporte
3.32.1. Automóvel

Espera-se que a IA nos transportes proporcione transportes seguros, eficientes e fiáveis, minimizando simultaneamente o impacto no ambiente e nas comunidades. O principal desafio ao desenvolvimento é a complexidade dos sistemas de transporte que envolvem componentes e partes independentes, com objectivos potencialmente contraditórios [330].

Os controladores lógicos difusos baseados em IA operam as caixas de velocidades. Por exemplo, o Audi TT de 2006, o VW Touareg e o VW Caravell apresentam a transmissão DSP. Algumas variantes do Skoda (Skoda Fabia) incluem um controlador baseado na lógica difusa. Os automóveis têm características de assistência ao condutor baseadas em IA, como o estacionamento automático e o controlo de velocidade de cruzeiro adaptativo.

Existem também protótipos de veículos automóveis autónomos de transporte público, como mini-autocarros eléctricos [331-334], bem como transportes ferroviários autónomos em funcionamento [335-337]. Existem também protótipos de veículos de entrega autónomos, por vezes incluindo robôs de entrega [338-344].

A complexidade dos transportes significa que, na maioria dos casos, não é prático treinar uma IA num ambiente de condução real. Os ensaios em simulador podem reduzir os riscos da formação em estrada [345].

A IA está na base dos veículos autónomos. As empresas envolvidas na IA incluem a Tesla, a Waymo e a General Motors. Os sistemas baseados na IA controlam funções como a travagem, a mudança de faixa, a prevenção de colisões, a navegação e o mapeamento [346].

Os camiões autónomos estão em fase de teste. O governo do Reino Unido aprovou legislação para iniciar os testes de pelotões de camiões autónomos em 2018 [347]. Um grupo de camiões autónomos segue de perto uns atrás dos outros. A empresa alemã Dailmer está a testar o seu Freightliner Inspiration [348].

Os veículos autónomos necessitam de mapas precisos para poderem navegar entre destinos [349]. Alguns veículos autónomos não permitem condutores humanos (não têm volante nem pedais) [350].

3.32.2. Gestão do tráfego

A IA tem sido utilizada para otimizar a gestão do tráfego, o que reduz os tempos de espera, a utilização de energia e as emissões em até 25% [351]. Os semáforos inteligentes estão a ser desenvolvidos na Carnegie Mellon desde 2009. O professor Stephen Smith fundou uma empresa, a Surtrac, que já instalou sistemas de controlo de tráfego inteligentes em 22 cidades. A instalação custa cerca de 20 000 dólares por cruzamento. O tempo de condução foi reduzido em 25% e o tempo de espera nos engarrafamentos foi reduzido em 40% nos cruzamentos em que foi instalado [352].

3.33. Militar

A Divisão de Operações Aéreas (AOD) da Real Força Aérea Australiana (RAAF) utiliza a IA para sistemas especializados. As IA funcionam como operadores substitutos para simuladores de combate e de treino, auxiliares de gestão de missões, sistemas de apoio à tomada de decisões tácticas e pós-processamento dos dados do simulador em resumos simbólicos [353].

Os simuladores de aeronaves utilizam a IA para formar os aviadores. Podem ser simuladas condições de voo que permitam aos pilotos cometer erros sem se arriscarem a si próprios ou a aeronaves dispendiosas. Também podem ser simulados combates aéreos. A IA também pode ser utilizada para operar aviões de forma análoga ao controlo de veículos terrestres. Os drones autónomos podem voar de forma independente ou em enxames [354].

O reconhecimento da fala permite que os controladores de tráfego dêem instruções verbais aos drones. O programa AIDA (Artificial Intelligence Supported Design of Aircraft) [355] é utilizado para ajudar os projectistas no processo de criação de projectos conceptuais de aeronaves. Este programa permite que os projectistas se concentrem mais no desenho em si e menos no processo de desenho. O software também permite que o utilizador se concentre menos nas ferramentas de software. O AIDA utiliza sistemas baseados em regras para calcular os seus dados. Este é um diagrama da disposição dos módulos do AIDA. Embora simples, o programa está a revelar-se eficaz.

3.34. NASA

Em 2003, um projeto do Centro de Investigação de Voo de Dryden criou um software que poderia permitir que uma aeronave danificada continuasse a voar até conseguir uma aterragem segura

[356]. O software compensou os componentes danificados confiando nos restantes componentes não danificados [357].

O Sistema de Piloto Automático Inteligente de 2016 combinou a aprendizagem e a clonagem comportamental, através das quais o piloto automático observou as acções de baixo nível necessárias para manobrar o avião e a estratégia de alto nível utilizada para aplicar essas acções [358].

3.35. Marítimo

As redes neuronais são utilizadas pelos sistemas de conhecimento da situação em navios e embarcações [359]. Existem também barcos autónomos.

3.36. Monitorização ambiental

Os navios autónomos que monitorizam o oceano, a análise de dados de satélite baseada em IA, a acústica passiva [360] ou a teledeteção e outras aplicações de monitorização ambiental utilizam a aprendizagem automática [361-363]. Por exemplo, o "Global Plastic Watch" é uma plataforma de monitorização por satélite baseada em IA para análise/rastreio de locais de resíduos de plástico, com o objetivo de ajudar a prevenir a poluição por plásticos - principalmente a poluição dos oceanos - ajudando a identificar quem e onde faz a má gestão dos resíduos de plástico, despejando-os nos oceanos [364, 365].

3.36.1. Sistemas de alerta precoce

A aprendizagem automática pode ser utilizada para detetar sinais de alerta precoce de catástrofes e problemas ambientais, incluindo possivelmente pandemias naturais [366, 367] terramotos [368370] deslizamentos de terras [371], chuvas intensas [372], vulnerabilidade do abastecimento de água a longo prazo [373], pontos de rutura de ecossistemas [374], surtos de florescência de cianobactérias [375] e secas [376-378].

3.37. Ciências informáticas
3.37.1. Assistência à programação
3.37.1.1. Ferramentas de assistência de código com IA

A IA pode ser utilizada para completar o código em tempo real, conversar e gerar testes automatizados. Estas ferramentas são normalmente integradas em editores e IDE como plugins. Diferem em termos de funcionalidade, qualidade, velocidade e abordagem à privacidade [379].

O GitHub Copilot é um modelo de inteligência artificial desenvolvido pelo GitHub e pela OpenAI que é capaz de completar automaticamente código em várias linguagens de programação [380]. Preço para particulares: $10/mês ou $100/ano, com um mês de teste gratuito.

A Tabnine foi criada por Jacob Jackson e era originalmente propriedade da empresa Tabnine. No final de 2019, a Tabnine foi adquirida pela Codota [381]. A ferramenta Tabnine está disponível como plugin para os IDEs mais populares. Oferece várias opções de preços, incluindo a versão gratuita limitada "starter" [382].

CodiumAI by CodiumAI, uma pequena startup em Tel Aviv, oferece criação de testes automatizados. Atualmente suporta Python, JS e TS [383].

O Ghostwriter by Replit oferece preenchimento de código e chat [384]. Eles têm vários planos de preços, incluindo um gratuito e um plano "Hacker" por US$ 7/mês.

O CodeWhisperer da Amazon recolhe o conteúdo de utilizadores individuais, incluindo ficheiros abertos no IDE. Eles afirmam focar na segurança tanto durante a transmissão quanto no armazenamento [385]. O plano individual é gratuito, o plano profissional custa $19/utilizador/mês.

3.37.2. Conceção de redes neuronais

A IA pode ser utilizada para criar outras IA. Por exemplo, por volta de novembro de 2017, o projeto AutoML da Google para desenvolver novas topologias de redes neurais criou o NASNet, um sistema optimizado para o ImageNet e o POCO F1. O desempenho do NASNet excedeu todo o desempenho publicado anteriormente no ImageNet [386].

3.37.3. Computação quântica

A aprendizagem automática tem sido utilizada para o cancelamento de ruído na tecnologia quântica [387], incluindo sensores quânticos [388]. Além disso, há uma investigação e um desenvolvimento substanciais da utilização de computadores quânticos com algoritmos de aprendizagem automática. Por exemplo, existe um protótipo de dispositivo memristivo quântico fotónico para computadores (quânticos) neuro-mórficos (NC)/redes neuronais artificiais e materiais quânticos que utilizam NC, com uma certa variedade de potenciais aplicações relacionadas com a computação neuromórfica [389, 390] e a aprendizagem automática quântica é um domínio com uma certa variedade de aplicações em desenvolvimento. A IA pode ser utilizada para simuladores quânticos que podem ter como aplicação a resolução de problemas de física e química [391, 392], bem como para recozimentos quânticos para treino de redes neuronais para aplicações de IA [393]. Pode também haver alguma utilidade na química, por exemplo, para a descoberta de medicamentos, e na ciência dos materiais, por exemplo, para a otimização/descoberta de materiais (com possível relevância para o fabrico de materiais quânticos [394-396]).

3.38. Contribuições históricas

Os investigadores de IA criaram muitas ferramentas para resolver os problemas mais difíceis da informática. Muitas das suas invenções foram adoptadas pela informática tradicional e já não são consideradas IA. Todas as seguintes foram originalmente desenvolvidas em laboratórios de IA [397] :

- Partilha de tempo
- Intérpretes interactivos

- Interfaces gráficas do utilizador e o rato do computador
- Ambientes de desenvolvimento rápido de aplicações
- A estrutura de dados da lista ligada
- Gestão automática do armazenamento
- Programação simbólica
- Programação funcional
- Programação dinâmica
- Programação orientada para os objectos
- Reconhecimento ótico de caracteres
- Satisfação de restrições

3.39. Negócio
3.39.1. Extração de conteúdo

Um leitor ótico de caracteres é utilizado na extração de dados em documentos comerciais, como facturas e recibos. Pode também ser utilizado em documentos contratuais comerciais, por exemplo, contratos de trabalho, para extrair dados críticos como condições de emprego, condições de entrega, cláusulas de rescisão, etc. [398].

3.40. Arquitetura

A inteligência artificial na arquitetura descreve a utilização da inteligência artificial na automatização, conceção e planeamento do processo arquitetónico ou na assistência às competências humanas no domínio da arquitetura. Pensa-se que a Inteligência Artificial poderá conduzir e provocar grandes mudanças na Arquitetura [399-401].

O potencial da IA na otimização da conceção, do planeamento e da produtividade tem sido apontado como um acelerador no domínio do trabalho de arquitetura. Foi também referida a capacidade da IA para ampliar potencialmente o processo de conceção de um arquiteto. Foram também levantados receios de substituição de aspectos ou processos fundamentais da profissão de arquiteto pela Inteligência Artificial, bem como as implicações filosóficas na profissão e na criatividade [399-401].

A IA na arquitetura criou uma forma de os arquitectos criarem coisas que ultrapassam a compreensão humana. A implementação da IA de tecnologias de aprendizagem automática de texto para renderização, como DALL-E e Diffusion estável, dá poder à visualização complexa [402]. A IA permite que os designers demonstrem a sua criatividade e até inventem novas ideias enquanto projectam. No futuro, a IA não substituirá os arquitectos; em vez disso, melhorará a velocidade de tradução dos esboços de ideias. Lista de projectos de inteligência artificial:

- Dados abertos
- Progressos na inteligência artificial
- Cronologia da computação de 2020 até à atualidade

3.41. Referências

[1] . Shin, Minkyu; et al. (2023).
"A inteligência artificial sobre-humana pode melhorar a novidade crescente".
Actas da Academia Nacional de Ciências. 120 (12).
[2] . Brynjolfsson, Erik; Mitchell, Tom (22 de dezembro de 2017).
"O que é que a aprendizagem automática pode fazer? Implicações para os trabalhadores".
Ciência. 358 (6370): 1530-1534.
[3] . Ricci, Francesco; Rokach, Lior; Shapira, Bracha (2011).
"Introdução ao Manual de Sistemas de Recomendação". Sistemas de Recomendação
Manual. pp. 1-35.
[4] . Grossman, Lev (27 de maio de 2010).
"Como é que os computadores sabem o que queremos - antes de o fazermos". Tempo.
Arquivado em 30 de maio de 2010. Recuperado em 1 de junho de 2015.
[5] . Baran, Remigiusz; Dziech, Andrzej; Zeja, Andrzej (junho de 2018).
"Uma descoberta de conteúdos multimédia capaz de enriquecimento inteligente de dados".
Ferramentas e aplicações multimédia. 77 (11): 14077-14091. ^
[6] . "Quais são os riscos de segurança de abrir o algoritmo do Twitter?".
VentureBeat. 27 de maio de 2022. Recuperado em 29 de maio de 2022.
[7] . "Examinar a amplificação algorítmica de conteúdos políticos no Twitter".

Recuperado em 29 de maio de 2022.

[8]   . Park, SoHyun; et al. (fevereiro de 2016).
      "A fonte e a credibilidade da informação sobre o cancro colorrectal no Twitter".
      Medicine. 95 (7): e2775.

[9]   . Efthimion, Phillip; Payne, Scott; Proferes, Nicholas (20 de julho de 2018). "Técnicas de deteção de bots de aprendizado de máquina supervisionado Twitter Bots". Revisão de ciência de dados da SMU. 1 (2).

[9]   . "O ambiente de informação em linha" (PDF). Recuperado em 21 de fevereiro de 2022.

[10]   . Islam, Md Rafiqul; et al. (29 de setembro de 2020). "Aprendizagem profunda para deteção de desinformação: estudo e novas perspectivas". Social Network Analysis and Mining. 10 (1): 82. ^

[11]   . Mohseni, Sina; Ragan, Eric (4 de dezembro de 2018). "Combating Fake News with Interpretable News Feed Algorithms". arXiv:1811.12349 [cs.SI].

[11]   . Matz, S. C.; et al. (28 de novembro de 2017).
      "A seleção psicológica como abordagem eficaz da persuasão digital".
      Actas da Academia Nacional de Ciências dos Estados Unidos da América. 114 (48): 12714-12719. ^

[12]   . "Apresentamos-lhe o Sandbox de IA para anunciantes e o pacote Advantage".
      www.facebook.com. 2023-05-11. Recuperado em 2023-09-08.

[12]   . Busby, Mattha (30 de abril de 2018).
      "Revelado: como as casas de apostas usam a IA para manter os jogadores viciados". The Guardian.

[13]   . Celli, Fabio; et al. (2017). "Profilio". Actas da 25.ª reunião da ACM
      Conferência Internacional sobre Multimédia. pp. 546-550. ^

[14]   . "Como a inteligência artificial pode estar a fazê-lo comprar coisas". BBC News.
      9 de novembro de 2020. Recuperado em 9 de novembro de 2020.

[14]   . Rowinski, Dan (2013).
      "Assistentes pessoais virtuais e o futuro do seu smartphone". ReadWrite. Arquivado em 22 de dezembro de 2015.

[15] . Roose, Kevin (2023). "Bing's A.I. Chat: Quero estar vivo'".
The New York Times. ISSN 0362-4331. Recuperado em 2024-04-23.

[16] . Galego Hernandes, et al. (2021).
"Deteção de phishing usando técnicas de XAI baseadas em URL". 2021 IEEE Symposium Series on Computational Intelligence (SSCI). pp. 01-06.

[17] . Jáñez-Martino, et al. (2023).
"Uma revisão da deteção de correio eletrónico não desejado: análise do problema da mudança de conjunto de dados". Revista de Inteligência Artificial. 56 (2): 1145-1173.

[18] . Kapan, Sibel; Sora Gunal, Efnan (janeiro de 2023).
"Melhoria da avaliação exaustiva das características dos classificadores de phishing".
Ciências Aplicadas. 13 (24): 13269. ^

[19] . Nakamura, Satoshi (2009).
"Ultrapassar a barreira linguística com a tecnologia de tradução de voz". Science & Technology Trends-Quarterly Review.

[20] . Clark, Jack (8 de dezembro de 2015b).
"Por que 2015 foi um ano de avanço na inteligência artificial". Bloomberg L.P. Arquivado em 23 de novembro de 2016. Recuperado em novembro de 2016.

[21] . Briefer, Elodie F.; et al. (2022).
"Classificação das chamadas de porco produzidas valência e contexto de produção".
Relatórios Científicos. 12 (1): 3409.
Bibcode:2022NatSR..12.3409B.

[22] . "Poderá a inteligência artificial ajudar-nos a falar com os animais?".
The Guardian. 31 de julho de 2022. Recuperado em 30 de agosto de 2022.

[22] . K. Mandal, G. S. et al. (2020).
Natural Language Processing in Artificial Intelligence (1.ª ed.). Apple Academic Press. pp. 53-54. ISBN 9780367808495.

[23] . Heath, Nick (11 de dezembro de 2020).
"O que é a IA? Tudo o que precisa de saber sobre Inteligência Artificial".
ZDNet. Recuperado em 1 de março de 2021.

[24] . Clark 2015b.

[25]   . Markoff, John (2011). "O computador ganha no 'Jeopardy!':
Trivial, não é".
> The New York Times. Arquivado em 22 de outubro de 2014.
Recuperado em 25 de outubro de 2014.
[26]   . "AlphaGo - Google DeepMind". Arquivado em 10 de março de
2016.
[27]   . "Inteligência artificial: O AlphaGo da Google vence o mestre
do Go, Lee Se-dol".
> BBC News. 12 de março de 2016. Arquivado em 26 de agosto
> de 2016. Recuperado em 1 de outubro de 2016.
[28]   . Metz, C. (2017). "Após a vitória na China, os designers da
AlphaGo para a nova IA".
> Wired. Arquivado do original em 2 de junho de 2017.
[29]   . "Classificações de jogadores do mundo Go". maio de 2017.
Arquivado em 1 de abril de 2017.
[30]   . "H⅛≡19^⅛H ≡√L→-×A·-Y·
> maio de 2017. Arquivado do original em 11 de agosto de 2017.
[31]   . "MuZero: Domine o Go, o xadrez, o shogi e o Atari sem
regras". Deepmind.
> 23 de dezembro de 2020. Recuperado em 1 de março de 2021.
[32]   . Steven Borowiec; Tracey Lien (12 de março de 2016).
> "AlphaGo vence o campeão humano de Go num marco para a
inteligência artificial".
> Los Angeles Times. Recuperado em 13 de março de 2016.
[33]   . Solly, Meilan.
> "A I.A. que joga póquer sabe quando segurar e quando
> desistir". Smithsonian. Pluribus superou os profissionais de
> póquer numa série de jogos de Texas Hold'em sem limite de
> seis jogadores,.
[34]   . Bowling, Michael; et al. (2015). "O póquer heads-up limit
hold'em está resolvido".
> Ciência. 347 (6218): 145-149. .
[35]   . Ontanon, Santiago; et al. (2013).
> "Inquérito sobre a investigação e a competição de IA em jogos
em tempo real StarCraft".
> IEEE Trans. Inteligência Computacional e IA em Jogos. 5 (4):
293-311^
[36]   . "Facebook entra silenciosamente na guerra de StarCraft para
bots de IA e perde". WIRED.

2017. Recuperado em 7 de maio de 2018.

[37] . Silver, David; et al. (2018).
"Um algoritmo geral de aprendizagem por reforço que através de auto-jogo".
Ciência. 362 (6419): 1140-1144.

[38] . Sample, Ian (18 de outubro de 2017).
"'É capaz de criar o seu próprio conhecimento: A Google revela que a IA aprende por si própria". O Guardião. Recuperado em 7 de maio de 2018.

[39] . "A revolução da IA na ciência". Ciência | AAAS. 5 de julho de 2017. Recuperado em 7
maio de 2018.

[40] . "O super-herói da inteligência artificial: conseguirá este génio mantê-la sob controlo?".
The Guardian. 16 fev. 2016. Arquivado em 23 de abril de 2018.

[41] . Mnih, Volodymyr; et al. (2015).
"Controlo ao nível humano através da aprendizagem por reforço profundo".
Natureza. 518 (7540): 529-533.

[41] . Sample, Ian (14 de março de 2017).
"A DeepMind da Google cria um programa de IA capaz de aprender como um ser humano".
The Guardian. Arquivado em 26 de abril de 2018. Recuperado em 26 de abril de 2018.

[42] . Schrittwieser, Julian; et al. (2020).
"Domine o Atari, o Go, o xadrez e o shogi planeando com um modelo aprendido".
Natureza. 588 (7839): 604-609. arXiv:1911.08265.

[43] . K, Bharath (2 de abril de 2021).
"IA no xadrez: a evolução da inteligência artificial nos motores de xadrez". Médio. Arquivado em 6 de janeiro de 2022. Recuperado em 6 de janeiro de 2022.

[44] . Preparar o futuro da inteligência artificial. Ciência Nacional e Conselho de Tecnologia. OCLC 965620122.

[45] . Gambhire, Akshaya; Shaikh Mohammad, Bilal N. (8 de abril de 2020).
Utilização da Inteligência Artificial na Agricultura. Anais da 3ª Conferência Internacional sobre Avanços em Ciência e Tecnologia (ICAST) 2020. SSRN 3571733.

[46] . "O futuro da IA na agricultura". Intel. Recuperado em 5 de março de 2019.

[47] . Sennaar, Kumba.
    "IA na Agricultura Apresenta Aplicações Inteligência Investigação e Perceção". Emerj. Recuperado em 5 de março de 2019.

[48] . G. Jones, Colleen (26 de junho de 2019).
    "Inteligência Artificial na Agricultura: Agricultura para o século XXI".
    Recuperado em 8 de fevereiro de 2021.

[49] . Moreno, Millán M.; et al. (2011).
    Boletim da Universidade de Ciências Agrícolas e Medicina Veterinária de Cluj-Napoca. Medicina veterinária. 1 (68).

[50] . Liundi, Nicholas; et al. (2019).
    "Melhorar a Produtividade do Arroz na Indonésia com Inteligência Artificial". 2019 7th International Conference on Cyber and IT Service Management (CITSM). pp. 1-5.

[51] . Talaviya, Tanha; et al. (2020).
    Inteligência Artificial na Agricultura. 4: 58-73.

[52] . Olick, Diana (2022-04-18).
     "Como os robots e a agricultura de interior podem ajudar a poupar água e a crescer redondamente". CNBC. Recuperado em 2022-05-09.

[53] . Zhang, Peng; et al. (2021).
    "Nanotecnologia e inteligência artificial para permitir a agricultura de precisão". Nature Plants. 7 (7): 864-876.

[54] . Anastasiou, Evangelos; et al. (2023).
    "Tecnologias de agricultura de precisão para proteção das culturas: A meta-analysis". Tecnologia Agrícola Inteligente. 5: 100323.

[55] . "SISTEMAS AUTÓNOMOS E INTELIGENTES". IEEE. IEEE SA.
    Recuperado em 19 de abril de 2024.

[56] . Anne Johnson; Emily Grumbling (2019).
    Implications of artificial intelligence for cybersecurity: proc. workshop. Washington, DC: National Academies Press. ISBN 978-0-309-49451-9.

[57] . Kant, Daniel; Johannsen, Andreas (2022-01-16). Imagem Eletrónica. 34 (3):

387-3.

[58] . Randrianasolo, Arisoa (2012).
   "Inteligência artificial na segurança informática: Deteção,
defesa temporária".
   Bibliotecas da Universidade Técnica do Texas. hdl:2346/45196.

[59] . Sahil; Sood, et al. (2015).
   "Inteligência artificial para a conceção da segurança
   informática do utilizador: Experimente". 2015 International
   Conference on Advances in Computer Engineering and
   Applications. pp. 51-58.

[60] . Parisi, Alessandro (2019). Inteligência artificial prática para a
 cibersegurança:
   implementar sistemas inteligentes de IA para prevenir
   ciberataques e detetar ameaças e anomalias na rede.
   Birmingham, Reino Unido. ISBN 978-1-7880-517-8.

[61] . "Como a IA irá automatizar a cibersegurança no mundo pós-
COVID".
   VentureBeat. 2020-09-06. Recuperado em 2022-05-09.

[62] . "IA na Educação| Harvard Graduate School of Education".
   www.gse.harvard.edu. 2023-02-09. Recuperado em 2024-04-
20.

[63] . nair, M. (2021). "IA na educação: Onde está agora e que
futuro".
   Universidade do Povo. Recuperado em 2024-04-20.

[64] . "As promessas e os perigos das oportunidades de emprego das
novas tecnologias".
   Brookings. Recuperado em 2024-04-20.

[65] . Christy, C. A. (1990). "Impacto da Inteligência Artificial na
Banca".
   Los Angeles Times. Recuperado em 10 de setembro de 2019.

[66] . O'Neill, Eleanor (31 de julho de 2016). "Contabilidade,
automação e IA".
   icas.com. Arquivado em 18 de novembro de 2016. Recuperado
em 18 de novembro de 2016.

[67] . "Canto do CTO: Mesa redonda sobre a utilização da
inteligência artificial nos serviços financeiros".
   Mesa redonda sobre serviços financeiros. 2 de abril de 2015.
   Arquivado em 18 de novembro de 2016. Recuperado em 18 de
   novembro de 2016.

[68] . "Soluções de Inteligência Artificial, Soluções de IA". sas.com.
[69] . Chapman, Lizette (2019).
"A Palantir já gozou com a ideia de vendedores. Agora está a contratá-los". Los Angeles Times. Recuperado em 28 de fevereiro de 2019.
[70] . Inteligência Artificial e Teoria Económica: A Skynet no mercado.
Processamento avançado de informação e conhecimento. 2017.
[71] . Marwala, T.; Hurwitz, Evan (2017). "Hipótese do Mercado Eficiente".
Inteligência Artificial e Teoria Económica: A Skynet no mercado. Processamento Avançado de Informação e Conhecimento. pp. 101-110.
[72] . Shao, Jun; et al. (2022).
"O impacto do financiamento da inteligência artificial (IA) nas restrições de financiamento das empresas não pertencentes às OES nos mercados emergentes". Jornal Internacional dos Mercados Emergentes. 17 (4): 930-944.
[73] . "Negociação Algorítmica". Investopedia. 18 de maio de 2005.
[74] . "Para além dos Robo-conselheiros: Como a IA pode renovar a gestão da riqueza". 5
janeiro de 2017.
[75] . Asatryan, Diana (2017).
"Subscrição do futuro do aprendizado de máquina, mas as startups não o conduzirão". bankinnovation.net. Recuperado em 15 de abril de 2022.
[76] . "ZestFinance introduz o histórico de crédito limitado por aprendizagem automática"
(Comunicado de imprensa). 14 de fevereiro de 2017.
[77] . Chang, Hsihui; et al. (2017).
"Technical Inefficiency, Allocative Inefficiency, and Audit Pricing". Journal of Accounting, Auditing & Finance. 33 (4): 580-600.
[78] . Munoko, Ivy; et al. (novembro de 2020).
"As implicações éticas da utilização da inteligência artificial na auditoria". Journal of Business Ethics. 167 (2): 209-234.
[79] . Fadelli, Ingrid. "LaundroGraph: Utilizar a aprendizagem profunda para branquear esforços".
techxplore.com. Recuperado em 18 de dezembro de 2022.

[80]   . Cardoso, Mário; Saleiro, Pedro; Bizarro, Pedro (2022). "LaundroGraph: Self-Supervise Graph Representation Money Laundering". Actas da Terceira Conferência Internacional da ACM sobre IA em Finanças.
pp. 130-138. arXiv:2210.14360.

[81]   . Han, Jingguang; et al. (2020). "Inteligência artificial para o combate ao branqueamento de capitais: uma análise e uma extensão". Finanças Digitais. 2 (3): 211-239.

[82]   . Kute, Dattatray Vishnu; et al. (2021). "Aprendizagem profunda e lavagem artificial explicável - uma revisão crítica". IEEE Access. 9: 82300-82317.

[83]   . Han, Jingguang; Huang, Yuyun; Liu, Sha; Towey, Kieran (dezembro de 2020). "Inteligência artificial para a luta contra o branqueamento de capitais: uma análise e uma extensão". Finanças digitais. 2 (3-4): 211-239.

[84]   . Durkin, J. (2002). História e aplicações. Expert System. Vol. 1. p. 1-22.

[85]   . Chen, K.C.; Liang, Ting-peng (maio de 1989). "Protrader: Um Sistema Especialista para Negociação de Programas". Gestão
Finanças. 15 (5): 1-6.

[86]   . Nielson, Norma; et al. (1990). "Expert Systems for Personal Financial Planning". Journal of Financial Planning: 137-143.

[87]   . Senador, Ted E.; et al. (1995). "O Sistema de Inteligência Artificial do FinCEN". Actas da IAAI-95. Arquivado em 2015-10-20. Recuperado em 2019-01-14.

[88]   . Sutton, Steve G.; Holt, Matthew; Arnold, Vicky (2016). "'Os relatos de morte são muito exagerados'-Investigação da IA em contabilidade". Revista Internacional de Sistemas de Informação Contabilística. 22: 60-73.

[89]   . Chalmers, Dominic; et al. (2021). Teoria e Prática do Empreendedorismo. 45 (5): 1028-1053.

[90]   . Buckley, Chris; Mozur, Paul (2019). "Como a China utiliza a vigilância de alta tecnologia para subjugar as minorias".

O New York Times.

[91] . "Uma falha de segurança expôs um sistema de vigilância de uma cidade inteligente chinesa".

3 de maio de 2019. Arquivado em 7 de março de 2021. Recuperado em 14 de setembro de 2020.

[92] . "Em breve serão instalados sinais de trânsito com IA em Bengaluru".

NextBigWhat. 24 de setembro de 2019. Recuperado em 1 de outubro de 2019.

[93] . Serviço de Pesquisa do Congresso (2019). IA e segurança nacional.

Washington, DC: Serviço de Pesquisa do Congresso.PD-notice

[94] . Slyusar, Vadym (2019). A inteligência artificial como base do controlo futuro

redes (Preprint).

[95] . "As Forças Armadas dos EUA estão a dar uma volta com a IA generativa". Bloomberg.com.

5 de julho de 2023.

[96] . Iraquiano, Amjad (2024).

"'Lavanda': A máquina de IA que dirige a vaga de bombardeamentos de Israel em Gaza". Revista +972. Recuperado em 2024-04-06.

[97] . Davies, Harry; McKernan, Bethan; Sabbagh, Dan (2023).

"'O Evangelho': como Israel utiliza a IA para selecionar os alvos dos bombardeamentos em Gaza".

O Guardião. Recuperado em 2023-12-04.

[98] . "O exército israelita flexibilizou as regras para bombardear 'alvos não militares' em Gaza".

Olho no Médio Oriente. Recuperado em 2023-11-30.

[99] . Quach, K. "As Forças Armadas dos EUA accionam o gatilho e utilizam a IA para direcionar os ataques aéreos".

www.theregister.com.

[100] . "A robótica militar é uma realidade". The Economist. 25 de janeiro de 2018. Recuperado em 7 de fevereiro de 2018.

[101] . "Sistemas Autónomos: Infográfico". siemens.com. Recuperado em 7

fevereiro de 2018.

[102] . Allen, Gregory (2019). "Compreender a estratégia de IA da China". Centro para uma

Nova segurança americana. Arquivado em 17 de março de 2019. Recuperado em 17 de março de 2019.

[103] . "10 aplicações promissoras de IA nos cuidados de saúde". Harvard Business Review.
10 de maio de 2018. Arquivado em 15 de dezembro de 2018. Recuperado em 28 de agosto de 2018.

[104] . Lareyre, Fabien; et al. (2022).
"Aplicações da Inteligência Artificial em Doenças Vasculares Não Cardíacas: Uma Análise Bibliográfica". Angiologia. 73 (7): 606-614.

[105] . "O que é a inteligência artificial na medicina?". IBM. 28 de março de 2024. Recuperado em 19 de abril de 2024.

[106] . "Microsoft usa IA para acelerar a medicina de precisão do cancro". HealthITAnalytics. 29 de outubro de 2019. Recuperado em 29 de novembro de 2020.

[107] . Dina Bass (2016).
"A Microsoft desenvolve IA para ajudar os médicos especializados em cancro a encontrar os tratamentos certos". Bloomberg L.P. Arquivado em 11 de maio de 2017.

[108] . Gallagher, J. (2017). "Inteligência artificial boa como médicos de cancro". BBC News. Arquivado em 26 de janeiro de 2017. Recuperado em 26 de janeiro de 2017.

[109] . Langen, Pauline A.; et al. (1994),
Remote monitoring of high-risk patients using artificial intelligence, arquivado em 28 de fevereiro de 2017, consultado em 27 de fevereiro de 2017

[110] . Kermany, Daniel S.; et al. (2018).
"Identificação de diagnósticos médicos e doenças tratáveis através da aprendizagem profunda".
Cell. 172 (5): 1122-1131.e9.

[111] . Senthilingam, M. (2016). "Os robôs autónomos são os seus próximos cirurgiões?".
CNN. Arquivado em 3 de dezembro de 2016. Recuperado em 4 de dezembro de 2016.

[112] . Pumplun L, Fecho M, Wahl N, Peters F, Buxmann P (2021).
"Adoção de sistemas de aprendizagem automática para o estudo de entrevistas qualitativas".
Journal of Medical Internet Research. 23 (10): e29301.

[113] . Inglese, Marianna; et al. (2022).

"Um modelo de previsão utilizando a deteção mesoscópica da doença de Alzheimer".
Comunicações Médicas. 2 (1): 70.
[114] . Reportagem:
"Uma única ressonância magnética do cérebro pode detetar a doença de Alzheimer". Física
Mundo. 13 de julho de 2022. Recuperado em 19 de julho de 2022.
[115] . Reed, Todd R.; Reed, Nancy E.; Fritzson, Peter (2004).
"Análise do som do coração para deteção de sintomas e diagnóstico por computador".
Prática e Teoria da Modelação da Simulação. 12 (2): 129-146.
[116] . Yorita, Akihiro; Kubota, Naoyuki (2011).
"Desenvolvimento Cognitivo em Robôs Parceiros para Informação de Idosos".
IEEE Transactions on Autonomous Mental Development. 3: 64-73.
[117] . Ray, Dr. Amit (2018).
"Inteligência artificial para auxiliar a navegação de pessoas cegas".
Inner Light Publishers.
[118] . "A Inteligência Artificial vai redesenhar os cuidados de saúde - The Medical Futurist".
O Futurista Médico. 4 de agosto de 2016. Recuperado em 18 de novembro de 2016.
[119] . Dõnertaç, H. Melike; et al. (2019).
"Identificação in silico de potenciais fármacos moduladores do envelhecimento". Tendências em
Endocrinologia e Metabolismo. 30 (2): 118-131.
[120] . Smer-Barreto, Vanessa; et al. (2022).
"Descoberta de novos senolíticos utilizando a aprendizagem automática".
[121] . Luxton, David D. (2014).
"A inteligência artificial na prática psicológica: Atualidade e implicações".
Psicologia Profissional: Investigação e Prática. 45 (5): 332-339.
[122] . Randhawa, Gurjit S.; et al. (2020). PLOS ONE. 15 (4): e0232391.
[123] . Ye, Jiarong; et al. (2022).

"Identificação exacta de vírus com aprendizagem automática Raman interpretável".

Actas da Academia Nacional de Ciências. 119 (23): e2118836119.

[124] . "A inteligência artificial encontra genes relacionados com doenças". Universidade de Linkoping. Recuperado em 3 de julho de 2022.

[125] . "Investigadores usam IA para detetar nova família de genes em bactérias intestinais". UT

Centro Médico do Sudoeste. Obtido em 3 de julho de 2022.

[126] . Zhavoronkov, Alex; et al. (2019).

"Inteligência artificial para a investigação sobre o envelhecimento e a longevidade: perspectivas".

Revisões da investigação sobre o envelhecimento. 49: 49-66.

[127] . Adir, Omer; et al. (2020).

"Integrar a IA e a nanotecnologia para uma medicina de precisão do cancro".

Materiais Avançados. 32 (13): 1901989.

[128] . Bax, Monique; et al. (2023).

"O futuro da inteligência da medicina cardiovascular personalizada".

Fronteiras em Sensores. 4.

[129] . Moore, Phoebe V. (2019).

"SST e o futuro do trabalho: benefícios e riscos das ferramentas de IA no local de trabalho". EU-OSHA. pp. 3-7. Recuperado em 30 de julho de 2020.

[130] . Howard, J. (2019). "Inteligência artificial: Implicações para o trabalho futuro".

American Journal of Industrial Medicine. 62 (11): 917-926.

[131] . Gianatti, Toni-Louise (14 de maio de 2020).

"Como os algoritmos baseados em IA melhoram a segurança ergonómica de um indivíduo". Saúde e segurança no trabalho. Recuperado em 30 de julho de 2020.

[132] . Meyers, Alysha R. (2019). "IA e Comp. dos Trabalhadores". Blogue de Ciência do NIOSH.

Recuperado em 3 de agosto de 2020.

[133] . Webb, Sydney; et al. (2020).

"Concurso de crowdsourcing de IA para vigilância de lesões". Blogue de Ciência do NIOSH. Recuperado em 3 de agosto de

2020.

[134] . Ferguson, Murray (2016).
"Inteligência Artificial: O que está para vir para a EHS... E quando?". EHS Hoje. Recuperado em 30 de julho de 2020.

[135] . "A DeepMind está a responder a um dos maiores desafios da biologia".
The Economist. 30 de novembro de 2020. Recuperado em 30 de novembro de 2020.

[136] . Jeremy Kahn, Lessons DeepMind's breakthrough in protein-folding A.I., Fortune, 1 de dezembro de 2020

[137] . "DeepMind descobre a estrutura de 200 milhões de proteínas num salto científico".
The Guardian. 2022-07-28. Recuperado em 2022-07-28.

[138] . "AlphaFold revela a estrutura do universo proteico".
DeepMind. 2022-07-28. Recuperado em 2022-07-28.

[139] . Stocker, Sina; et al. (2020).
"Aprendizagem automática no espaço de reacções químicas".
Nature Communications. 11 (1): 5505.

[140] . "Allchemy - IA sensível aos recursos para a descoberta de medicamentos".
Recuperado em 29 de maio de 2022.

[141] . Wolos, Agnieszka; et al. (2020).
"Conectividade sintética, emergência, auto-regeneração química prebiótica".
Ciência. 369 (6511): eaaw1955.

[142] . Wolos, Agnieszka; et al. (2022).
"Reaproveitamento de resíduos químicos em medicamentos concebido por computador".
Natureza. 604 (7907): 668-676.

[143] . "Químicos debatem o futuro da aprendizagem automática, planeando dados abertos".
cen.acs.org. Recuperado em 29 de maio de 2022.

[144] . Paul, Debleena; et al. (2021).
"Inteligência artificial na descoberta e desenvolvimento de medicamentos".
Drug Discovery Today. 26 (1): 80-93.

[145] . "Biólogos treinam a IA para gerar medicamentos e vacinas".
Centro Médico da Universidade de Washington-Harborview.

[146] . Wang, Jue; et al. (2022).

"Scaffolding protein functional sites using deep learning". Ciência. 377 (6604): 387-394.

[147]   . Zhavoronkov, Alex; etv al. (2019). "A aprendizagem profunda permite a identificação rápida de inibidores potentes da quinase DDR1". Nature Biotechnology. 37 (9): 1038-1040.

[148]   . Hansen, Justine Y.; et al. (2021). "Mapeamento da transcrição de genes e neurocognição no neocórtex humano". Nature Human Behaviour. 5 (9): 1240-1250.

[149]   . Vo ngoc, Long; et al. (2020). "Identificação do elemento promotor do núcleo do DPR humano utilizando a aprendizagem". Natureza. 585 (7825): 459-463.

[150]   . Bijun, Zhang; Ting, Fan (2022). "Estrutura e emergência do conhecimento: Uma análise bibliométrica [2000-2021]". Frontiers in Genetics. 13: 951939.

[151]   . Radivojevic, Tijana; et al. (2020). "Uma ferramenta de recomendação automatizada de aprendizagem automática para a biologia sintética". Nature Communications. 11 (1): 4879.

[152]   . Pablo Carbonell; Tijana Radivojevic; Héctor García Martín* (2019). "Oportunidades na intersecção da biologia sintética e da automatização". ACS Synthetic Biology. 8 (7): 1474-1477.

[153]   . Gadzhimagomedova, Z. M.; et al. (2022). "Inteligência Artificial para Materiais Nanoestruturados". Relatórios de nanobiotecnologia. 17 (1): 1-9.

[154]   . Mirzaei, Mahsa; et al. (2021). "Uma ferramenta de aprendizagem automática para prever as nanopartículas antibacterianas". Nanomaterials. 11 (7): 1774.

[155]   . Chen, Angela (2018). "Como a IA está a ajudar-nos a descobrir materiais mais depressa do que nunca". The Verge. Recuperado em 30 de maio de 2022.

[156]   . Talapatra, Anjana; et al. (2018). "Conceção de experiências autónomas eficientes para o cálculo da média dos modelos Bayesianos". Physical Review Materials. 2 (11): 113803. arXiv:1803.05460.

[157] . Zhao, Yicheng; et al. (2021).
"Descoberta da inversão da estabilidade induzida pela
temperatura na aprendizagem robótica". Nature
Communications. 12 (1): 2191.

[158] . Burger, Benjamin; et al. (2020). "Um químico robótico
móvel". Natureza. 583 (7815): 237-241.

[159] . Roper, Katherine; et al. (2022).
"Testar a reprodutibilidade e a robustez da biologia do cancro
por robô".
Journal of the Royal Society Interface. 19 (189): 20210821.

[160] . Krauhausen, Imke; et al. (2021).
"Eletrónica neuromórfica orgânica para aprendizagem sensório-
motora em robótica".
Science Advances. 7 (50): eabl5068.

[161] . Kagan, Brett J.; et al. (2021).
"Os neurónios in vitro aprendem e demonstram sensibilidade
quando simulam um mundo de jogo".

[162] . Fu, Tianda; et al. (2020). "Memristores de bioinspiração de
biovoltagem".
Nature Communications. 11 (1): 1861.

[163] . Sarkar, Tanmoy; et al. (2022).
"Um neurónio artificial orgânico para biointerfaces
neuromórficas situ".
Natureza Eletrónica. 5 (11): 774-783.

[164] . "Os neurónios artificiais imitam o funcionamento sinergético
dos seus homólogos biológicos".
Natureza Eletrónica. 5 (11): 721-722. 10 de novembro de 2022.

[165] . Sloat, Sarah (21 de abril de 2016).
"As emulações cerebrais colocam três grandes questões morais
- uma prática".
Inverse. Recuperado em 3 de julho de 2022.

[166] . Sandberg, Anders (2014). "Ética das emulações cerebrais".
Journal of
Experimental & Theoretical Artificial Intelligence. 26 (3): 439-
457.

[167] . "Para fazer avançar a inteligência artificial, faça engenharia
inversa do cérebro". Escola do MIT
da Ciência. Recuperado em 30 de agosto de 2022.

[168] . Ham, Donhee; et al. 2021).

"Eletrónica neuromórfica baseada na cópia e colagem do cérebro".

Natureza Eletrónica. 4 (9): 635-644. .

[169] . Pfeifer, Rolf; Iida, Fumiya (2004).

"Inteligência Artificial Incorporada: Tendências e desafios".

IA incorporada. Notas de aula em Ciências da Computação. Vol. 3139. pp. 1-26.

[170] . Nygaard, Tonnes F.; et al. (2021).

"IA incorporada no mundo real através de um robô morfologicamente quadrúpede".

Nature Machine Intelligence. 3 (5): 410-419.

[171] . Tugui, Alexandru; et al. (2019).

"O Biológico como Duplo Limite para o Debate Futurista Artificial".

Intr. Jr. de Computadores Comunicações e Controlo. 14 (2): 253-271.

[172] . Ball, Nicholas M.; Brunner, Robert J. (2010).

"Extração de dados e aprendizagem automática em astronomia". Revista Internacional de

Física Moderna D. 19 (7): 1049-1106.

[173] . Taylor & Hern (2023).

[174] . Rose (2023).

[175] . CNA (2019).

[176] . Goffrey (2008), p. 17.

[177] . Berdahl et al. (2023); Goffrey (2008, p. 17); Rose (2023);
Russell & Norvig (2021, p. 995)

[178] . Preconceito e equidade algorítmica (aprendizagem automática):

[179] . Russell & Norvig (2021, secção 27.3.3). Christian (2020, Equidade)

[180] . Christian (2020), p. 25.

[181] . Russell & Norvig (2021), p. 995.

[182] . Grant & Hill (2023).

[183] . Larson & Angwin (2016).

[184] . Christian (2020), p. 67-70.

[185] . Christian (2020, pp. 67-70); Russell & Norvig (2021, pp. 993-994)

[186] . Russell & Norvig (2021, p. 995); Lipartito (2011, p. 36),
Cristão (2020, pp. 39-40, 65)

[187] . Citado em Christian (2020, p. 65).
[188] . Russell & Norvig (2021, p. 994); Christian (2020, pp. 40, 80-81)
[189] . Citado em Christian (2020, p. 80)
[190] . Dockrill (2022).
[191] . Amostra (2017).
[192] . "Caixa Preta IA". 16 de junho de 2023.
[193] . Christian (2020), p. 110.
[194] . Christian (2020), pp. 88-91.
[195] . Christian (2020, p. 83); Russell & Norvig (2021, p. 997)
[196] . Christian (2020), p. 91.
[197] . Christian (2020), p. 83.
[198] . Verma (2021).
[199] . Rothman (2020).
[200] . Christian (2020), pp. 105-108.
[201] . Christian (2020), pp. 108-112.
[202] . Russell & Norvig (2021), p. 989.
[203] . Russell & Norvig (2021), pp. 987-990.
[204. Russell & Norvig (2021), p. 988.
[205] . Robitzski (2018); Sainato (2015)
[206] . Harari (2018).
[207] . Buckley, Chris; Mozur, Paul (22 de maio de 2019).
"Como a China usa a vigilância de alta tecnologia para subjugar as minorias". The New York Times.
[208] . "Sistema de vigilância de cidades inteligentes chinesas com falhas de segurança". 3 de maio de 2019.
Arquivado do original em 7 de março de 2021. Recuperado em 14 de setembro de 2020.
[209] . Urbina et al. (2022).
[210] . Metz, Cade (2023). "Na era da IA, os pequeninos da tecnologia precisam de grandes amigos".
New York Times.
[211] . E McGaughey,
'Will Robots Automate Your Job Away? Pleno Emprego, Rendimento Básico e Democracia Económica (2022) 51(3) Industrial Law Journal 511 559. Arquivado 27 de maio de 2023 no Máquina Wayback
[212] . Ford & Colvin (2015);McGaughey (2022)
[213] . IGM Chicago (2017).

[214] . Arntz, Gregory & Zierahn (2016), p. 33.
[215] . Lohr (2017); Frey & Osborne (2017); Arntz, Gregory & Zierahn (2016),
    p. 33)
[216] . Zhou, V. (2023). "A IA já está a conquistar a China dos ilustradores de jogos de vídeo". Resto do Mundo. Recuperado em 17 de agosto de 2023.
[217] . Carter, Justin (11 de abril de 2023). "A indústria de arte de jogos da China terá sido dizimada pela crescente utilização da IA". Desenvolvedor de jogos. Recuperado em 17 de agosto de 2023.
[218] . Morgenstern (2015).
[219] . Mahdawi (2017); Thompson (2014)
[220] . Tarnoff, B. (2023). "Lições de Eliza". The Guardian Weekly. pp. 34-39.
[221] . Cellan-Jones (2014).
[222] . Russell & Norvig 2021, p. 1001.
[223] . Bostrom (2014).
[224] . Russell (2019).
[225] . Bostrom (2014); Müller & Bostrom (2014); Bostrom (2015).
[226] . Harari (2023).
[227] . Müller & Bostrom (2014).
[228] . Preocupações dos líderes sobre os riscos existenciais da IA por volta de 2015:
    - Rawlinson (2015)
    - Holley (2015)
[229] . Valance (2023).
[230] . Taylor, Josh (7 de maio de 2023). "A ascensão da inteligência artificial é inevitável, mas não deve ser de IA' diz". O Guardião. Recuperado em 26 de maio de 2023.
[231] . Colton, E. (2023). "Pai IA" diz que o medo da tecnologia é descabido: Não o pode parar". Fox News. Recuperado em 26 de maio de 2023.
[232] . Jones, Hessie (23 de maio de 2023). "Juergen Schmidhuber, reconhecido 'Pai da IA moderna, lidera a distopia". Forbes. Recuperado em 26 de maio de 2023.
[233] . McMorrow, Ryan (19 de dezembro de 2023).

"Andrew Ng: Achamos que o mundo fica melhor com mais inteligência?". Financial Times. Recuperado em 30 de dezembro de 2023.

[234] . Levy, Steven (22 de dezembro de 2023).
"Como não ser estúpido em relação à IA, com Yann LeCun". Wired. Recuperado em 30 de dezembro de 2023.

[235] . Argumentos de que a IA não constitui um risco iminente:
- Brooks (2014)
- Geist (2015)
- Madrigal (2015)

[236] . Christian (2020), pp. 67, 73.

[237] . Yudkowsky (2008).

[238] . Anderson & Anderson (2011).

[239] . AAAI (2014).

[240] . Wallach (2010).

[241] . Russell (2019), p. 173.

[242] . Melton, Ashley Stewart, Mónica.
"O CEO da Hugging Face está concentrado na criação de uma IA de código aberto no valor de 4,5 mil milhões de dólares". Business Insider. Recuperado em 14 de abril de 2024.

[243] . Wiggers, Kyle (9 de abril de 2024).
"Ferramentas de código aberto da Google para apoiar o desenvolvimento de modelos de IA". TechCrunch. Recuperado em 14 de abril de 2024.

[244] . Heaven, Will Douglas (12 de maio de 2023).
"O boom da IA de código aberto foi construído com base nas esmolas das grandes tecnologias. Quanto tempo durará?". MIT Technology Review. Recuperado em 14 de abril de 2024.

[245] . Brodsky, Sascha (19 de dezembro de 2023).
"O novo modelo linguístico da Mistral AI tem como objetivo a supremacia do código aberto". Negócio de IA.

[256] . Edwards, Benj (22 de fevereiro de 2024).
"A Stability anuncia o Stable Diffusion 3, um gerador de imagens de IA de última geração". Ars Technica. Recuperado em 14 de abril de 2024.

[257] . Marshall, Matt (29 de janeiro de 2024).
"Como é que as empresas estão a utilizar LLMs de fonte aberta: 16 exemplos". VentureBeat.

[258] . Piper, Kelsey (2 de fevereiro de 2024).
"Devemos tornar os nossos modelos de IA mais poderosos de código aberto para todos?".
Vox. Recuperado em 14 de abril de 2024.
[259] . Instituto Alan Turing (2019).
"Compreender a ética e a segurança da inteligência artificial".
[260] . Instituto Alan Turing (2023). "Ética e governação da IA na prática" (PDF).
[261] . Floridi, Luciano; Cowls, Josh (23 de junho de 2019).
"Um quadro unificado de cinco princípios para a IA na sociedade". Harvard Data Science Review. 1 (1).
[262] . Buruk, Banu; Ekmekci, Perihan Elif; Arda, Berna (1 de setembro de 2020).
"Uma perspetiva crítica das orientações para uma IA responsável e fiável". Medicina, Cuidados de Saúde e Filosofia. 23 (3): 387-399.
[263] . Kamila, Manoj Kumar; Jasrotia, Sahil Singh (1 de janeiro de 2023).
"Questões éticas no desenvolvimento da IA: reconhecer os riscos".
International Journal of Ethics and Systems. ahead-of-print (à frente da impressão).
[264] . "O AI Safety Institute lança uma nova plataforma de avaliação da segurança da IA".
Governo do Reino Unido. 10 de maio de 2024. Recuperado em 14 de maio de 2024.
[265] . Regulamentação da IA para atenuar os riscos:
- Berryhill et al. (2019)
- Barfield & Pagallo (2018)
- Iphofen & Kritikos (2019)
[266] . Biblioteca Jurídica do Congresso (EUA). Direção de Investigação Jurídica Global (2019).
[267] . Vincent (2023).
[268] . Universidade de Stanford (2023).
[269] . UNESCO (2021).
[270] . Kissinger (2021).
[271] . Altman, Brockman & Sutskever (2023).
[272] . VOA News (25 de outubro de 2023). "ONU anuncia órgão consultivo sobre IA".

[273] . Edwards (2023).

[274] . Kasperowicz (2023).

[275] . Fox News (2023).

[276] . Milmo, Dan (3 de novembro de 2023).
"Esperança ou horror? O grande debate sobre a IA que divide os seus pioneiros".
The Guardian Weekly. pp. 10-12.

[277] . "Declaração de Bletchley da Cimeira de Segurança da IA dos Países, 1-2 de novembro de 2023".
GOV.UK. 1 de novembro de 2023. Arquivado em 1 de novembro de 2023. Recuperado em 2 de novembro de 2023.

[278] . "Os países concordam com uma Declaração de Bletchley segura e responsável".
GOV.UK (Comunicado de imprensa). Arquivado em 1 de novembro de 2023. Recuperado em 1 de novembro de 2023.

[279] . "Segunda cimeira mundial sobre IA garante compromissos de segurança das empresas".
Reuters. 21 de maio de 2024. Recuperado em 23 de maio de 2024.

[280] . "Compromissos de segurança da IA de fronteira, Cimeira de Seul sobre a IA de 2024".
gov.uk. 21 de maio de 2024. Arquivado em 23 de maio de 2024. Recuperado em 23 de maio de 2024.

[281] . Russell & Norvig 2021, p. 9.

[282] . "Ngrama de livros do Google".

[283] . Os precursores imediatos da IA:
- McCorduck (2004, pp. 51-107)
- Crevier (1993, pp. 27-32)
- Russell & Norvig (2021, pp. 8-17)

[284] . Russell & Norvig (2021), p. 17.

[285] . A publicação original de Turing "Computing machinery and intelligence":
- Turing (1950)

[286] . Crevier (1993), pp. 47-49.

[287] . Russell & Norvig (2003), p. 17.

[288] . Russell & Norvig (2003), p. 18.

[289] . Newquist (1994), pp. 86-86.

[290] . Simon (1965, p. 96) citado em Crevier (1993, p. 109)

[291] . Minsky (1967, p. 2) citado em Crevier (1993, p. 109)

[292] . Russell & Norvig (2021), p. 21.
[293] . Lighthill (1973).
[294] . NRC 1999, pp. 212-213.
[285]. Russell & Norvig (2021), p. 22.
[296] . Sistemas periciais:
- Russell & Norvig (2021, pp. 23, 292)
- Luger & Stubblefield (2004, pp. 227-331)
- Nilsson (1998, cap. 17.4)
[297] . Russell & Norvig (2021), p. 24.
[298] . Nilsson (1998), p. 7.
[299] . McCorduck (2004), pp. 454-462.
[300] . Moravec (1988).
[301] . Brooks (1990).
[302[. Robótica de desenvolvimento:
- Weng et al. (2001)
- Lungarella et al. (2003)
[303] . Russell & Norvig (2021), p. 26.
[304] . Métodos formais e restritos adoptados na década de 1990:
- Russell & Norvig (2021, pp. 24-26)
- McCorduck (2004, pp. 486-487)
[305] . IA amplamente utilizada no final da década de 1990:
- Kurzweil (2005, p. 265)
- NRC (1999, pp. 216-222)
- Newquist (1994, pp. 189-201)
[306] . Wong (2023).
    [307]   . A Lei de Moore e a IA:
- Russell & Norvig (2021, pp. 14, 27)
[308] . Clark (2015b).
[309] . Grandes volumes de dados:
- Russell & Norvig (2021, p. 26)
[310] . Sagar, Ram (3 de junho de 2020).
    "OpenAI lança GPT-3, o maior modelo até agora". Revista
    Analytics India. Arquivado em 4 de agosto de 2020.
    Recuperado em 15 de março de 2023.
[311] . DiFeliciantonio (2023).
[312] . Goswami (2023).
[313] . Turing (1950), p. 1.
[314] . Turing (1950), em "The Argument from Consciousness" (O
argumento da consciência).

[315] . Russell & Norvig (2021), p. 3.
[316] . Maker (2006).
[317] . McCarthy (1999).
[318] . Minsky (1986).
[319] . "O que é a Inteligência Artificial (IA)?". Google Cloud
Platform.
     Arquivado do original em 31 de julho de 2023. Recuperado em
16 de outubro de 2023.
[320] . Nilsson (1983), p. 10.
[321] . Haugeland (1985), pp. 112-117.
[322] . Hipótese do sistema de símbolos físicos:
     - Newell & Simon (1976, p. 116)
     - McCorduck (2004, p. 153)
     - Russell & Norvig (2021, p. 19)
[323] . O paradoxo de Moravec:
     - Moravec (1988, pp. 15-16)
     - Minsky (1986, p. 29)
     - Pinker (2007, pp. 190-191)
[324] . A crítica de Dreyfus à IA:
     - Dreyfus (1972)
     - Dreyfus & Dreyfus (1986)
     - Crevier (1993, pp. 120-128
[325] . Crevier (1993), p. 125.
[326] . Langley (2011).
[327] . Katz (2012).
[328] . Neats vs. scruffies, o debate histórico:
     - McCorduck (2004, pp. 421-424, 486-489)
     - Crevier (1993, p. 168)
     - Nilsson (1983, pp. 10-11)
     - Russell & Norvig (2021, p. 24)
[329] . Pennachin & Goertzel (2007).
[330] . Roberts (2016).
[331] . Russell & Norvig (2021), p. 986.
[332] . Chalmers (1995).
[333] . Dennett (1991).
[334] . Horst (2005).
[335] . Searle (1999).
[336] . Searle (1980), p. 1.
[337] . Russell & Norvig (2021), p. 9817.

[338] . O argumento do quarto chinês de Searle:
- Searle (1980). A apresentação original de Searle da experiência de pensamento.
- Searle (1999).

[339] . Leith, Sam (7 de julho de 2022).
"Nick Bostrom: Como é que podemos ter a certeza de que uma máquina não é consciente?".
O Espectador. Recuperado em 23 de fevereiro de 2024.

[340] . Thomson, Jonny (31 de outubro de 2022). "Porque é que os robôs não têm direitos?". Big Think. Recuperado em 23 de fevereiro de 2024.

[341] . Kateman, Brian (24 de julho de 2023). "A IA deve ter medo dos humanos".
Tempo. Recuperado em 23 de fevereiro de 2024.

[342] . Wong, Jeff (10 de julho de 2023). "O que os líderes precisam de saber sobre os direitos dos robots".
Fast Company.

[343] . Hern, (2017). "Dê aos robôs o estatuto de 'personalidade', argumenta o comité da UE". O Guardião. ISSN 0261-3077. Recuperado em 23 de fevereiro de 2024.

[344] . Dovey, D. (2018). "Os especialistas não acham que os robôs devam ter direitos".
Newsweek. Recuperado em 23 de fevereiro de 2024.

[345] . Cuddy (2018). "Os direitos dos robots violam os direitos humanos, alertam os peritos da UE". euronews. Recuperado em 23 de fevereiro de 2024.

[346] . A explosão da inteligência e a singularidade tecnológica:
- Russell & Norvig (2021, pp. 1004-1005)
- Omohundro (2008)
- Kurzweil (2005)

Capítulo 4: Automatização de processos robóticos

4.1. Prefácio

A automatização robótica de processos (RPA) é uma forma de automatização de processos empresariais baseada em robots de software ou agentes de inteligência artificial (IA) [1]. A RPA não deve ser confundida com a inteligência artificial, uma vez que se baseia na tecnologia automóvel, seguindo um fluxo de trabalho predefinido [2]. É por vezes referida como robótica de software.

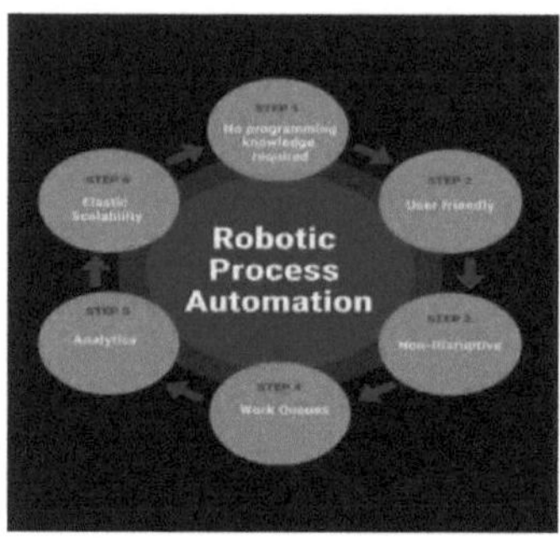

Nas ferramentas tradicionais de automatização do fluxo de trabalho, um programador de software elabora uma lista de acções para automatizar uma tarefa e estabelecer uma interface com o sistema de back end utilizando interfaces de programação de aplicações (API) internas ou uma linguagem de script dedicada. Em contrapartida, os sistemas RPA desenvolvem a lista de acções observando o utilizador a executar essa tarefa na interface gráfica do utilizador (GUI) da aplicação e, em seguida, executam a automatização repetindo essas tarefas diretamente na GUI. Isto pode reduzir a barreira à utilização da automatização em produtos que, de outra forma, não teriam APIs para este fim.

As ferramentas RPA têm fortes semelhanças técnicas com as ferramentas de teste da interface gráfica do utilizador. Estas ferramentas também automatizam as interacções com a GUI e fazem-no frequentemente através da repetição de um conjunto de acções de demonstração realizadas por um utilizador. As ferramentas RPA diferem de tais sistemas na medida em que permitem o tratamento de dados em e entre múltiplas aplicações, por exemplo, receber uma mensagem de correio eletrónico com uma fatura, extrair os dados e depois introduzi-los num sistema de contabilidade.

4.2. Evolução histórica

As vantagens típicas da automatização robótica incluem a redução de custos, o aumento da velocidade, da precisão e da consistência, a melhoria da qualidade e a escalabilidade da produção. A automatização pode também proporcionar segurança adicional, especialmente para dados sensíveis e serviços financeiros. Como forma de automatização, o conceito já existe há muito tempo sob a forma de raspagem de ecrãs, que pode ser rastreada até às primeiras formas de malware. No entanto, a RPA é muito mais extensível, consistindo na integração de API noutras aplicações empresariais, ligações a sistemas ITSM, serviços de terminal e até alguns tipos de serviços de IA (por exemplo, aprendizagem automática), como o reconhecimento de imagens. É considerada uma evolução tecnológica significativa, na medida em que estão a surgir novas plataformas de software suficientemente maduras, resilientes, escaláveis e fiáveis para tornar esta abordagem viável para utilização em grandes empresas [3].

A principal barreira à adoção do self-service é frequentemente tecnológica: pode nem sempre ser viável ou economicamente viável adaptar novas interfaces aos sistemas existentes. Além disso, as organizações podem querer colocar um conjunto variável e configurável de regras de processo no topo das interfaces do sistema, que podem variar de acordo com as ofertas de mercado e o tipo de cliente. Isto só aumenta o custo e a complexidade da implementação tecnológica. O software de automatização robótica fornece um meio pragmático de implantar novos serviços nesta situação, em que os robôs simplesmente imitam o comportamento dos seres humanos para efetuar a transcrição ou o processamento de back-end. A acessibilidade relativa desta abordagem resulta do facto de não ser necessária qualquer nova transformação ou investimento em TI; em vez disso, os robôs de software limitam-se a tirar maior partido dos activos de TI existentes.

4.3. Utilizações

O alojamento dos serviços de RPA também se alinha com a metáfora de um robô de software, com cada instância robótica a ter o seu próprio posto de trabalho virtual, tal como um trabalhador humano. O robô utiliza controlos de teclado e rato para realizar acções e executar automações. Normalmente, todas estas acções têm lugar num ambiente virtual e não no ecrã; o robô não precisa de um ecrã físico para funcionar, mas interpreta eletronicamente a visualização do ecrã. A escalabilidade das soluções modernas baseadas em arquitecturas como estas deve-se em grande parte ao advento da tecnologia de virtualização, sem a qual a escalabilidade de grandes implementações seria limitada pela capacidade disponível para gerir hardware físico e pelos custos associados. A implementação da RPA em empresas comerciais demonstrou uma poupança de custos dramática quando comparada com soluções tradicionais não RPA. [4]

No entanto, a RPA apresenta vários riscos. As críticas incluem os riscos de asfixia da inovação e de criação de um ambiente de manutenção mais complexo do software existente, que agora tem de considerar a utilização de interfaces gráficas de utilizador de uma forma que não foi concebida para ser utilizada [5].

4.4. Impacto no emprego

De acordo com a Harvard Business Review, a maioria dos grupos operacionais que adoptaram a RPA prometeram aos seus empregados que a automatização não resultaria em despedimentos [6]. Em vez disso, os trabalhadores foram reafectados a trabalhos mais interessantes. Um estudo académico sublinhou que os trabalhadores do conhecimento não se sentiam ameaçados pela automatização: aceitavam-na e viam os robôs como companheiros de equipa [7]. No entanto, por outro lado, alguns analistas afirmam que a RPA representa uma ameaça para o sector da externalização de processos empresariais (BPO) [8]. A tese subjacente a esta noção é que a RPA permitirá às empresas "repatriar" processos de localizações offshore para centros de dados locais, com o benefício desta nova tecnologia. O efeito, a ser verdade, será a criação de empregos de elevado valor para designers de processos qualificados em locais onshore (e na cadeia de fornecimento associada de hardware de TI, gestão de centros de dados, etc.), mas a diminuição das oportunidades disponíveis para trabalhadores pouco qualificados offshore. Por outro lado, esta discussão parece ser um terreno saudável para o debate, uma vez que um outro estudo académico se esforçou por contrariar o chamado "mito" de que a RPA trará de volta muitos postos de trabalho do offshore [7].

4.5. RPA Utilização efectiva

- Automatização de processos bancários e financeiros
- Processos hipotecários e de concessão de empréstimos
- Automatização do atendimento ao cliente
- Operações de merchandising no comércio eletrónico

- Marketing nas redes sociais
- Aplicações de reconhecimento ótico de caracteres
- Processo de extração de dados
- Processo de automatização fixo

4.6. Impacto na sociedade

Estudos académicos [9, 10] projectam que a RPA, entre outras tendências tecnológicas, deverá conduzir a uma nova vaga de ganhos de produtividade e eficiência no mercado de trabalho global. Embora não seja diretamente atribuível apenas à RPA, a Universidade de Oxford prevê que até 35% de todos os empregos poderão ser automatizados até 2035 [9]. A tendência para a automatização robótica tem implicações geográficas. No exemplo acima, em que um processo deslocalizado é "repatriado" sob o controlo da organização cliente (ou mesmo deslocado por um "Business Process Outsourcer") de uma localização offshore para um centro de dados, o impacto será um défice de atividade económica para a localização offshore e um benefício económico para a economia de origem. Nesta base, é de esperar que as economias desenvolvidas - com competências e infra-estruturas tecnológicas para desenvolver e apoiar uma capacidade de automatização robótica - obtenham um benefício líquido com esta tendência.

Numa palestra TEDx [11] organizada pela University College London (UCL), o empresário David Moss explica que o trabalho digital sob a forma de RPA é suscetível de revolucionar o modelo de custos do sector dos serviços, fazendo baixar o preço dos produtos e serviços, melhorando simultaneamente a qualidade dos resultados e criando mais oportunidades para a personalização dos serviços.

Numa outra palestra TEDx em 2019 [12], o executivo japonês e antigo CIO do banco Barclays, Koichi Hasegawa, observou que os robôs digitais podem ter um efeito positivo na sociedade se começarmos a utilizar um robô com empatia para ajudar todas as pessoas. Koichi Hasegawa apresenta um estudo de caso das companhias de seguros japonesas Sompo Japan e Aioi, que introduziram robots para acelerar o processo de pagamento de seguros em incidentes de catástrofes de grandes dimensões. Entretanto, o Professor Willcocks, autor do documento da LSE [10] acima citado, fala de um aumento da satisfação no trabalho e da estimulação intelectual, caracterizando a tecnologia como tendo a capacidade de "tirar o robô do humano" [13], uma referência à noção de que os robôs assumirão as partes mundanas e repetitivas da carga de trabalho diária das pessoas, deixando-as para serem utilizadas em funções mais interpessoais ou para se concentrarem nas restantes partes do seu dia, mais significativas.

Num estudo de 2021 que observou os efeitos da robotização na

Europa, verificou-se igualmente que as disparidades salariais entre homens e mulheres aumentavam a uma taxa de 0,18% por cada aumento de 1% na robotização de uma determinada indústria [14].

4.7. RPA não assistida

A RPA sem assistência, ou RPAAI [15, 16], é a próxima geração de tecnologias relacionadas com a RPA. Os avanços tecnológicos em matéria de inteligência artificial permitem que um processo seja executado num computador sem necessidade de intervenção de um utilizador.

4.8. Hiper-automatização

A hiper-automação é a aplicação de tecnologias avançadas como a RPA, a inteligência artificial, a aprendizagem automática (ML) e a extração de processos para aumentar o número de trabalhadores e automatizar processos de uma forma que tem um impacto significativamente maior do que as capacidades de automatização tradicionais [17-19]. A hiper-automação é a combinação de ferramentas de automação para realizar o trabalho [20].

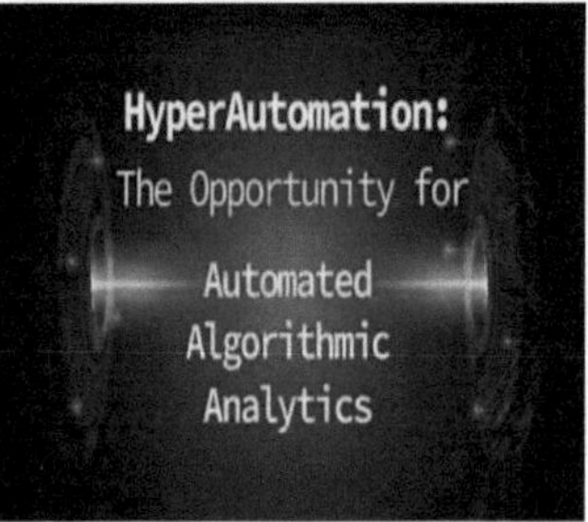

O relatório da Gartner refere que esta tendência foi iniciada com a automatização de processos robóticos (RPA). O relatório refere que "a RPA, por si só, não é hiperautomatização. A hiperautomatização requer uma combinação de ferramentas para ajudar a replicar partes do processo em que o ser humano está envolvido numa tarefa" [21].

Os processos administrativos de back office subcontratados por grandes organizações - particularmente os que são enviados para offshore - tendem a ser simples e transaccionais por natureza, exigindo pouca análise ou julgamento subjetivo. Este parece ser um ponto de partida ideal para as organizações que começam a adotar a automatização robótica para o back office. O facto de as organizações clientes optarem por retomar os processos externalizados "em casa" dos seus fornecedores de serviços de externalização de processos empresariais (BPO), representando assim uma ameaça para o futuro da atividade dos BPO [22], ou de os BPO implementarem essas automatizações em nome dos seus clientes pode muito bem depender de uma série de factores. No entanto, inversamente, um prestador de serviços BPO pode procurar efetuar alguma forma de fidelização do cliente através da automatização. Ao eliminar os custos de uma operação comercial, em que o fornecedor de BPO é considerado o proprietário da propriedade intelectual e da implementação física de uma solução de automatização robotizada (talvez em termos de hardware, propriedade de licenças de software, etc.), o fornecedor pode tornar muito difícil para o cliente retomar um processo "in house" ou escolher um novo fornecedor de BPO. Este efeito ocorre porque as poupanças de custos associadas obtidas através da automatização teriam de ser reintroduzidas na empresa - pelo menos temporariamente - enquanto a solução técnica é reimplementada no novo contexto operacional.

A natureza geograficamente agnóstica do software significa que podem surgir novas oportunidades de negócio para as organizações que têm um impedimento político ou regulamentar ao off-shoring ou à externalização. Uma automatização robotizada pode ser alojada num centro de dados em qualquer jurisdição, o que tem duas consequências importantes para os fornecedores de BPO. Em primeiro lugar, por exemplo, um governo soberano pode não estar disposto ou não ser legalmente capaz de externalizar o processamento de assuntos fiscais e a administração da segurança. Nesta base, se os robots forem comparados a uma força de trabalho humana, isto cria uma oportunidade verdadeiramente nova para uma opção de "terceira fonte", após as escolhas entre onshore e offshore. Em segundo lugar, e inversamente, os fornecedores de BPO já deslocalizaram anteriormente operações externalizadas para diferentes territórios políticos e geográficos em resposta à evolução da inflação salarial e a novas oportunidades de arbitragem de mão de obra noutros locais. Em contrapartida, uma solução de centro de dados parece oferecer uma base de custos fixa e previsível que, se for suficientemente barata numa base robótica versus humana, parece eliminar qualquer potencial necessidade ou desejo de deslocalizar continuamente as bases operacionais.

4.9. Limitações da automatização de processos robóticos

Embora a automatização de processos robóticos tenha muitas vantagens, incluindo a eficiência de custos e a consistência no desempenho, também tem algumas limitações. As actuais soluções de RPA exigem um apoio técnico contínuo para lidar com as alterações do sistema, pelo que não têm a capacidade de se adaptar autonomamente a novas condições. Devido a esta limitação, o sistema necessita por vezes de reconfiguração manual, o que, por sua vez, afecta a eficiência [23].

4.10. Diferença entre RPA e IA

A RPA baseia-se na tecnologia automóvel, seguindo um fluxo de trabalho predefinido, e a inteligência artificial é orientada para os dados e centra-se no processamento de informações para fazer previsões. Por conseguinte, existe uma diferença distinta entre a forma como os dois sistemas funcionam. A IA tem por objetivo imitar a inteligência humana, ao passo que a RPA se centra na reprodução de tarefas que são tipicamente dirigidas por humanos [24]. Além disso, a RPA também pode ser explicada como robôs virtuais que assumem o trabalho humano rotineiro, podendo identificar dados através da interpretação das etiquetas subjacentes. Por conseguinte, a RPA baseia-se na aprendizagem automática, enquanto a IA utiliza tecnologias de auto-aprendizagem [25].

4.11. Exemplos

- Software de reconhecimento de voz e de ditado digital ligado a processos empresariais para um processamento direto sem intervenção manual

- Software especializado de gestão remota de infra-estruturas com investigação e resolução automatizadas de problemas, utilizando robôs para o apoio informático de primeira linha
- Chatbots utilizados por retalhistas e prestadores de serviços da Internet para dar resposta a pedidos de informação de clientes. Também utilizados por empresas para responder a pedidos de informação de funcionários a partir de bases de dados internas
- Software de automatização da camada de apresentação, cada vez mais utilizado pelos subcontratantes de processos empresariais para substituir o trabalho humano
- Sistemas IVR que incorporam interação inteligente com quem telefona

4.12. Referências

[1] . Estagiários de IA: o software já está a tirar empregos aos humanos, New Scientist
[2] . "O que é a Automação Robótica de Processos (RPA)? | IBM". www.ibm.com.
IBM. 27 de março de 2024. Recuperado em 25 de abril de 2024.
[3] . A automação robótica surge como uma ameaça para a saída tradicional de baixo custo
sourcing, HfS Research, arquivado em 2015-09-21
[4] . http://www.kpmg-institutes/pdf/2015Zrobotics-improve-legacy-sourcing.pdf
[5] . DeBrusk, (2017). "Cinco riscos de automatização de processos robóticos a evitar".
MIT Sloan Management Review. Recuperado em 28 de junho de 2018.
[6] . Lacity, Mary C.; Willcocks, Leslie (2015),
"O que os trabalhadores do conhecimento têm a ganhar com a automatização",
Harvard Business Review
[7] . Automação de processos robóticos na Xchanging, London School of Economics
[8] . Gartner Predicts 2014: Serviços empresariais e de TI. Estão a enfrentar.
[9] . O futuro do emprego: How Suseptable are Jobs to Computerisation é.
arquivado em 2016-02-05

[10] . Nove cenários prováveis para o crescimento dos robots de software London School of Economics

[11] . Robôs de colarinho branco: A força de trabalho virtual, TEDx Talks

[12] . RPA em direto, BTOPEX

[13] . A tecnologia não está prestes a roubar-lhe o emprego, www.techworld.com

[14] . Aksoy, Cevat Giray; et al. Julia (2021).
     "Os robôs e as disparidades salariais entre homens e mulheres na Europa". Economia Europeia
     Reveja. 134: 103693.

[15] . Technologies, AIMDek (2018).
     "Evolução da automatização de processos robóticos (RPA): Caminho para a RPA cognitiva". Medium. Recuperado em 2019-01-28.

[16] . "RPAAI - Robotic Process Automation". rpaai.com (em neerlandês). Arquivado em
     2020-08-15. Recuperado em 2020-05-06.

[17] . "As 10 principais tendências tecnológicas estratégicas da Gartner para 2020". Gartner.

[18] . "Gartner Tech Trends 2020". Revista Gigabit.

[19] . "A hiperautomatização entre as 10 principais tendências tecnológicas para 2020".
     Tech Republic. 21 de outubro de 2019.

[20] . "As 10 principais tendências estratégicas da Gartner para 2020". Idade da Informação. 22 de outubro de 2019.

[21] . "Gartner anuncia as 10 principais tendências tecnológicas estratégicas para 2020".
     Forbes.

[22] . Robôs de TI podem significar o fim da terceirização offshore, CIO Magazine

[23] . Yatskiv, Nataliya; Yatskiv, Solomiya; Vasylyk, Anatoliy (2020).
     IEEE. pp. 501-504.

[24] . "O que é a automatização robótica de processos (RPA)?".
     www.IBM.com. IBM. 27 de março de 2024. Recuperado em 25 de abril de 2024.

[25] . Andersson, Christoffer; Hallin, Anette; Ivory, Chris.
     "Desvendar a digitalização dos serviços públicos: governo da

automatização".

ScienceDirect. Elsevier. Recuperado em 25 de abril de 2024.

Capítulo 5: Amplificação da inteligência

5.1. Prefácio

A amplificação da inteligência (AI) (também designada por aumento cognitivo, inteligência aumentada por máquinas e inteligência melhorada) refere-se à utilização efectiva da tecnologia da informação para aumentar a inteligência humana. A ideia foi proposta pela primeira vez nas décadas de 1950 e 1960 pela cibernética e pelos pioneiros da informática.

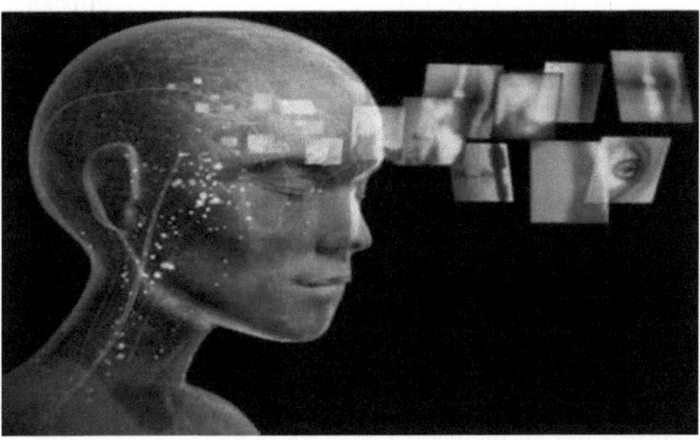

A AI é por vezes contrastada com a IA (inteligência artificial), ou seja, o projeto de construir uma inteligência semelhante à humana sob a forma de um sistema tecnológico autónomo, como um computador ou um robô. A IA deparou-se com muitos obstáculos fundamentais, tanto práticos como teóricos, que para a AI parecem ser discutíveis, uma vez que esta necessita da tecnologia apenas como um suporte adicional para uma inteligência autónoma que já provou funcionar. Além disso, a IA tem uma longa história de sucesso, uma vez que todas as formas de tecnologia da informação, desde o ábaco à escrita e à Internet, foram desenvolvidas basicamente para alargar as capacidades de processamento de informação da mente humana.

5.2. Principais contribuições
5.2.1. William Ross Ashby: Amplificação da Inteligência

O termo IA tem sido muito utilizado desde que William Ross Ashby escreveu sobre a "inteligência amplificadora" na sua Introdução à Cibernética (1956). Ideias afins foram explicitamente propostas como alternativa à Inteligência Artificial por Hao Wang desde os primórdios dos provadores automáticos de teoremas. A "resolução de problemas" é em grande parte, talvez inteiramente, uma questão de seleção adequada. Veja, por exemplo, qualquer livro popular de problemas e puzzles. Quase todos podem ser reduzidos à seguinte forma: de um determinado conjunto, indique um elemento. ... De facto, é difícil pensar num problema, seja ele lúdico ou sério, que não exija, em última análise, uma seleção adequada como necessária e suficiente para a sua solução. Além disso, é evidente que muitos dos testes utilizados para medir a "inteligência" são pontuados essencialmente em função do poder de seleção adequada do candidato. ... Assim, não é impossível que aquilo a que vulgarmente se chama "poder intelectual" possa ser equivalente ao "poder de seleção adequada".

De facto, se uma Caixa Negra falante mostrasse um elevado poder de seleção apropriado em tais assuntos - de modo a que, quando lhe fossem dados problemas difíceis, persistentemente desse respostas correctas - dificilmente poderíamos negar que estava a mostrar o equivalente "comportamental" de "elevada inteligência". Se isto é assim, e como sabemos que o poder de seleção pode ser amplificado, parece seguir-se que o poder intelectual, tal como o poder físico, pode ser amplificado. Que ninguém diga que isso não pode ser feito, pois os padrões genéticos fazem-no sempre que formam um cérebro que cresce e se torna algo melhor do que o padrão genético poderia ter especificado em pormenor. O que é novo é que agora podemos fazê-lo de forma sintética, consciente e deliberada.

5.2.2. -W. Ross Ashby, Introdução à Cibernética,

Chapman and Hall, Londres, Reino Unido, 1956. Reimpressão, Methuen and Company, Londres, Reino Unido, 1964.

5.2.3. J. C. R. Licklider: Simbiose Homem-Computador

A "Simbiose Homem-Computador" é um importante artigo especulativo publicado em 1960 pelo psicólogo/cientista informático J.C.R. Licklider, que prevê que os cérebros humanos e as máquinas informáticas, mutuamente interdependentes, "vivendo juntos" e fortemente acoplados, complementariam os pontos fortes uns dos outros a um nível elevado: A simbiose homem-computador é uma subclasse dos sistemas homem-máquina. Existem muitos sistemas homem-máquina. Atualmente, porém, não existem simbioses homem-computador. O objetivo deste documento é apresentar o conceito e, espera-se, promover o desenvolvimento da simbiose homem-computador, analisando alguns problemas de interação entre homens e máquinas de computação, chamando a atenção para princípios aplicáveis da engenharia homem-máquina e apontando algumas questões para as quais são necessárias respostas de investigação. A esperança é que, dentro de poucos anos, os cérebros humanos e as máquinas de computação sejam acoplados de forma muito estreita, e que a parceria resultante pense como nenhum cérebro humano alguma vez pensou e processe dados de uma forma não abordada pelas máquinas de tratamento de informação que conhecemos atualmente.

5.2.4. -J. C. R. Licklider, "Man-Computer Symbiosis",

IRE Transactions on Human Factors in Electronics, vol. HFE-1, 4-11, março de 1960. Na visão de Licklider, muitos dos sistemas de inteligência artificial pura previstos na altura por investigadores demasiado optimistas revelar-se-iam desnecessários. (Este artigo é também considerado por alguns historiadores como marcando a génese das ideias sobre redes de computadores que mais tarde deram origem à Internet).

5.2.5. Douglas Engelbart: Aumentar o intelecto humano

O espírito da investigação de Licklider era semelhante ao do seu contemporâneo e protegido na DARPA, Douglas Engelbart. Ambos tinham uma visão do modo como os computadores podiam ser utilizados que estava em desacordo com os pontos de vista então prevalecentes (que os viam como dispositivos principalmente úteis para computação), e eram os principais proponentes do modo como os computadores são atualmente utilizados (como adjuntos genéricos dos seres humanos) [1].

Engelbart argumentou que o estado da nossa tecnologia atual controla a nossa capacidade de manipular a informação e que esse facto, por sua vez, controlará a nossa capacidade de desenvolver tecnologias novas e melhoradas. Por isso, propôs-se a tarefa revolucionária de desenvolver tecnologias baseadas em computador para manipular diretamente a informação e também para melhorar os processos individuais e de grupo para o trabalho do conhecimento. A filosofia e a agenda de investigação de Engelbart são expressas de forma mais clara e direta no relatório de investigação de 1962: Augmenting Human Intellect: A Conceptual Framework [2] O conceito de inteligência aumentada em rede é atribuído a Engelbart com base neste trabalho pioneiro.

Neste contexto, entende-se por capacidade acrescida uma mistura do seguinte: compreensão mais rápida, melhor compreensão, possibilidade de obter um grau de compreensão útil numa situação que anteriormente era demasiado complexa, soluções mais rápidas, melhores soluções e possibilidade de encontrar soluções para problemas que antes pareciam insolúveis. E por situações complexas incluímos os problemas profissionais de diplomatas, executivos, cientistas sociais, cientistas da vida, cientistas físicos, advogados, designers - quer a situação problemática exista durante vinte minutos ou vinte anos.

5.2.6. - Douglas Engelbart, Augmenting Human Intellect:

A Conceptual Framework, Summary Report AFOSR-3233, Stanford Research Institute, Menlo Park, CA, outubro de 1962 [2]. No mesmo relatório de investigação, aborda o termo "Amplificação da Inteligência", cunhado por Ashby, e reflecte sobre a relação entre a sua proposta de investigação [3]. Engelbart implementou posteriormente estes conceitos no seu Augmented Human Intellect Research Center no SRI International, desenvolvendo essencialmente um sistema de ferramentas de amplificação da inteligência (NLS) e métodos organizacionais co-evolutivos, em plena utilização operacional em meados da década de 1960 no laboratório. Como pretendido [4], a sua equipa de I&D experimentou graus crescentes de amplificação da inteligência, quer como utilizadores rigorosos, quer como criadores de protótipos rápidos do sistema. Para uma amostragem dos resultados da investigação, veja a sua Mother of All Demos de 1968.

5.3. Contribuições posteriores

Howard Rheingold trabalhou no Xerox PARC na década de 1980 e foi apresentado a Bob Taylor e Douglas Engelbart; Rheingold escreveu sobre "amplificadores da mente" no seu livro de 1985, Tools for Thought [5]. Andrews Samraj mencionou, em "SkinClose Computing and Wearable Technology" 2021, o aumento da capacidade humana através de duas variedades de ciborgues, nomeadamente os ciborgues duros e os ciborgues moles.

Arnav Kapur, que trabalha no MIT, escreveu sobre a coalescência homem-IA: como a IA pode ser integrada na condição humana como parte do "eu humano": como uma camada terciária do cérebro humano para aumentar a cognição humana [6]. Demonstra-o utilizando uma interface nervo-computador periférica, AlterEgo, que permite a um utilizador humano conversar silenciosa e internamente com uma IA pessoal [7, 8].

Em 2014, foi desenvolvida a tecnologia de Inteligência Artificial de Enxame para ampliar a inteligência de grupos humanos em rede, utilizando algoritmos de IA modelados em enxames biológicos. A tecnologia permite que pequenas equipas façam previsões, estimativas e diagnósticos médicos com níveis de precisão que excedem significativamente a inteligência humana natural [9-12].

Shan Carter e Michael Nielsen introduzem o conceito de aumento da inteligência artificial (AIA): a utilização de sistemas de IA para ajudar a desenvolver novos métodos de aumento da inteligência. Os autores contrastam a externalização cognitiva (a IA como oráculo, capaz de resolver uma grande classe de problemas com um desempenho melhor do que o humano) com a transformação cognitiva (alterar as operações e representações que utilizamos para pensar) [13]. Uma calculadora é um exemplo da primeira; uma folha de cálculo, da segunda.

Ron Fulbright descreve o aumento cognitivo humano em conjuntos humanos/cogs que envolvem seres humanos que trabalham em parceria de colaboração com sistemas cognitivos (chamados cogs). Ao trabalharem em conjunto, os conjuntos humanos/cogs alcançam resultados superiores aos obtidos pelos humanos que trabalham sozinhos ou pelos sistemas cognitivos que trabalham sozinhos. A componente humana do conjunto é, portanto, cognitivamente aumentada. O grau de aumento depende da proporção entre a quantidade total de cognição efectuada pelo ser humano e a efectuada pelo computador. Foram identificados seis níveis de aumento cognitivo [14, 15]:

5.4. Níveis de aumento da capacidade cognitiva humana
5.4.1. Na ficção científica

A inteligência aumentada tem sido um tema recorrente na ficção científica. Uma visão positiva dos implantes cerebrais utilizados para comunicar com um computador como uma forma de inteligência aumentada é vista no romance Michaelmas de Algis Budrys, de 1976. O medo de que a tecnologia seja mal utilizada pelo governo e pelos militares é um tema antigo. Na série da BBC de 1981, The Nightmare Man, o piloto de um mini submarino de alta tecnologia está ligado à sua nave através de um implante cerebral, mas torna-se um assassino selvagem depois de arrancar o implante.

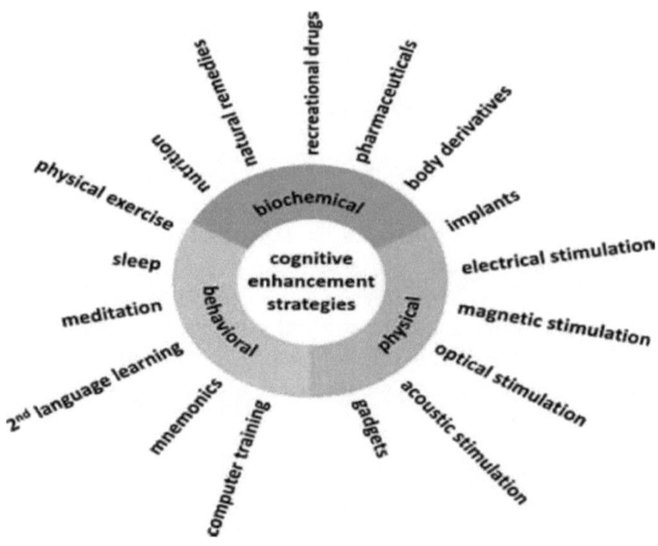

Talvez o escritor mais conhecido que explora temas de aumento da inteligência seja William Gibson, no seu trabalho de 1981, no conto "Johnny Mnemonic", em que a personagem-título tem memória aumentada por computador, e no seu romance de 1984, Neuromancer, em que hackers fazem interface com sistemas informáticos através de interfaces cérebro-computador. Vernor Vinge, como já foi referido, considerou o aumento da inteligência como uma via possível para a singularidade tecnológica, um tema que também aparece na sua ficção.

Flowers for Algernon é um dos primeiros exemplos de inteligência aumentada na literatura de ficção científica [16]. Publicado pela primeira vez como um conto em 1959, o enredo diz respeito a um homem com deficiência intelectual que se submete a uma experiência para aumentar a sua inteligência para níveis de génio. A sua ascensão e queda são detalhadas nos registos do seu diário, que se tornam mais sofisticados à medida que a sua inteligência aumenta.

5.5. Referências

[1] . Markoff, John (2013). "O visionário informático que inventou o rato". O

New York Times. ISSN 0362-4331. Recuperado em 2020-04-10.

[2] . "Aumentar o intelecto humano: Um quadro concetual" Arquivado em 2011

05-04 no Máquina Wayback (1962), DougEngelbart.org.

[3] . "Aumentar o intelecto humano: Um quadro concetual" Arquivado em 2011

05-04 at the Wayback Machine, Section C: Detailed Discussion of the H-LAM/T System, in D. C. Engelbart Summary Report AFOSR-3233, Stanford Research Institute, Menlo Park, CA, outubro de 1962.

[4] . "Aumentar o intelecto humano: Um quadro concetual" Arquivado em 2011

05-04 at the Wayback Machine, Secção D: Regenerative Feature, em D. C. Engelbart Summary Report AFOSR-3233, Stanford Research Institute, Menlo Park, CA, outubro de 1962.

[5] . Rheingold, Howard (2000) [1985].

Tools for thought: the history and future of mind-expanding technology.

Cambridge, MA: MIT Press. Veja também o sítio de Rheingold: "Sobre Howard Rheingold". rheingold.com. Recuperado em 2017-12-28.

[6] . Kapur, Arnav (2019). Coalescência cognitiva homem-máquina através de um
interface duplex interna (Tese). Instituto de Tecnologia de Massachusetts. hdl:1721.1/120883.

[7] . "AlterEgo". MIT Media Lab. Recuperado em 30 de abril de 2019.

[8] . Kapur, Arnav; Kapur, Shreyas; Maes, Pattie (2018). "AlterEgo". 23ª Conferência Internacional sobre Interfaces Inteligentes do Utilizador. Nova Iorque,
Nova Iorque, EUA: ACM Press. pp. 43-53.

[9] . Willcox, G.; Rosenberg, L. (2019).

"Short Paper: A Inteligência de Enxame Amplifica as Equipas de Colaboração de QI". 2019 Segunda Conferência Internacional sobre Inteligência Artificial para Indústrias (AI4I). pp. 111-114.

[10] . Rosenberg, L.; et al. (2018).
"Amplificar a inteligência social das equipas através da enxameação humana".
2018 Primeira Conferência Internacional sobre IA para as Indústrias (AI4I). pp. 23-26.

[11] . Rosenberg, L.; Pescetelli, N. (2017).
"Amplificar a exatidão da previsão utilizando a I.A. de enxame". 2017 Inteligente
Conferência de Sistemas (IntelliSys). pp. 61-65.

[12] . Liu, Fan (2018).
"A IA diagnostica a pneumonia melhor do que um computador ou um médico".
O Diário de Stanford.

[13] . Carter, Shan; Nielsen, Michael (2017).
"Utilizar a IA para aumentar a inteligência humana". Destilar. 2 (12): e9.

[14] . Fulbright, Ron (2020). Democratização da perícia: Como é que a tecnologia cognitiva
Os sistemas vão revolucionar a sua vida. Boca Raton, FL: CRC Press. ISBN 978-0367859459.

[15] . Fulbright, Ron (2020). "Perícia sintética". Augmented

Cognition.
Cognição e Comportamento Humano. Notas de aula em Ciência da Computação. Vol. 12197. pp. 27-48.
[16] . Langer, Emily (2023).
"Daniel Keyes, autor do livro clássico 'Flores de Algernon', morre aos 86 anos". Washington Post. Recuperado em 2023-11-06.

Capítulo 6: Interfaces cérebro-computador

6.1. Prefácio

Uma interface cérebro-computador (BCI), por vezes designada por interface neural direta ou interface cérebro-máquina, é uma via de comunicação direta entre um cérebro humano ou animal (ou uma cultura de células cerebrais) e um dispositivo externo. Nas BCI unidireccionais, os computadores aceitam comandos do cérebro ou enviam-lhe sinais (por exemplo, para restaurar a visão), mas não ambos [1]. As BCI bidireccionais permitiriam que o cérebro e os dispositivos externos trocassem informações em ambas as direcções, mas ainda não foram implantadas com êxito em animais ou seres humanos.

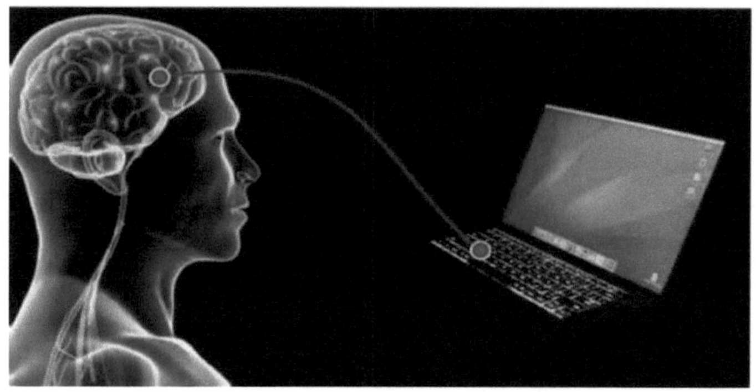

Nesta definição, a palavra cérebro significa o cérebro ou o sistema nervoso de uma forma de vida orgânica e não a mente. Computador significa qualquer dispositivo de processamento ou computação, desde circuitos simples a chips de silício (incluindo tecnologias hipotéticas futuras, como a computação quântica).

A investigação sobre as BCI começou na década de 1970, mas só em meados da década de 1990 é que surgiram os primeiros implantes experimentais funcionais em seres humanos. Após anos de experiências em animais, existem atualmente os primeiros implantes funcionais em humanos, concebidos para restaurar a audição, a visão e o movimento danificados. O fio condutor de toda a investigação é a notável plasticidade cortical do cérebro, que frequentemente se adapta às BCI, tratando as próteses controladas por implantes como membros naturais.

Com os recentes avanços na tecnologia e no conhecimento, os investigadores pioneiros podem agora tentar produzir BCIs que aumentem as funções humanas em vez de simplesmente as restaurarem, o que anteriormente era apenas o domínio da ficção científica.

6.2. BCI versus Neuroprostética

A neuroprostética é uma área da neurociência que se ocupa de próteses neurais - utilizando dispositivos artificiais para substituir a função de sistemas nervosos ou órgãos sensoriais afectados. O dispositivo neuroprotésico mais utilizado é o implante coclear, que foi implantado em cerca de 100 000 pessoas em todo o mundo em 2006 [2]. Existem também vários dispositivos neuroprotéticos que visam restaurar a visão, incluindo implantes de retina, embora este artigo apenas aborde os implantes diretamente no cérebro.

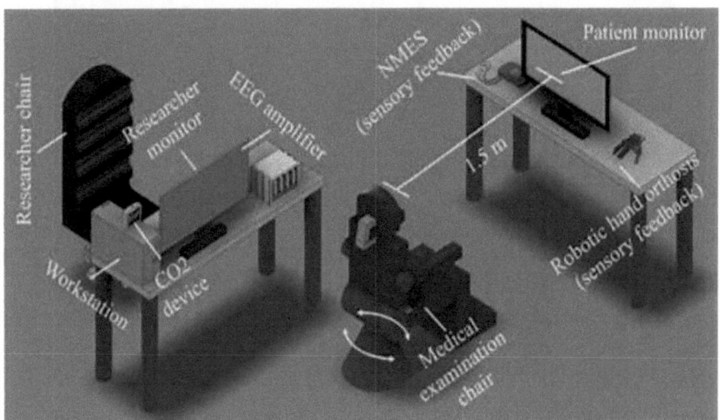

As diferenças entre as BCI e os neuroprotectores residem sobretudo na forma como os termos são utilizados: os neuroprotectores ligam normalmente o sistema nervoso a um dispositivo, enquanto o termo "BCI" liga normalmente o cérebro (ou o sistema nervoso) a um sistema informático. Os neuroprotectores práticos podem ser ligados a qualquer parte do sistema nervoso, por exemplo, aos nervos periféricos, enquanto o termo "BCI" designa geralmente uma classe mais restrita de sistemas que fazem interface com o sistema nervoso central.

Os termos são por vezes utilizados indistintamente e por boas razões. A neuroprostética e a BCI procuram atingir os mesmos objectivos, tais como restaurar a visão, a audição, o movimento, a capacidade de comunicação e até a função cognitiva. Ambas utilizam métodos experimentais e técnicas cirúrgicas semelhantes.

6.3. Investigação de BCI em animais

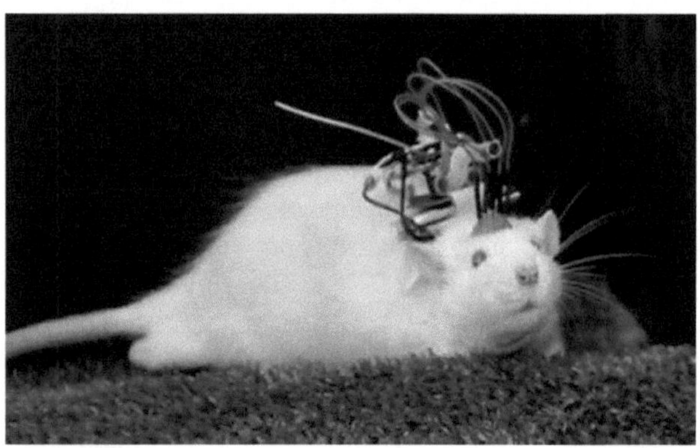

Ratos implantados com BCIs nas experiências de Theodore Berger.

Vários laboratórios conseguiram registar sinais do cérebro de macacos e de ratos para operar BCIs para realizar movimentos. Os macacos navegaram por cursores de computador no ecrã e comandaram braços robóticos para executar tarefas simples simplesmente pensando na tarefa e sem qualquer saída motora. Outra investigação em gatos descodificou sinais visuais.

6.3.1. Trabalhos iniciais

Os estudos que desenvolveram algoritmos para reconstruir movimentos a partir de neurónios do córtex motor, que controlam o movimento, remontam à década de 1970. O trabalho de grupos liderados por Schmidt, Fetz e Baker na década de 1970 estabeleceu que os macacos podiam aprender rapidamente a controlar voluntariamente a taxa de disparo de neurónios individuais no córtex motor primário através do condicionamento operante em circuito fechado, um método de treino que utiliza castigos e recompensas [3].

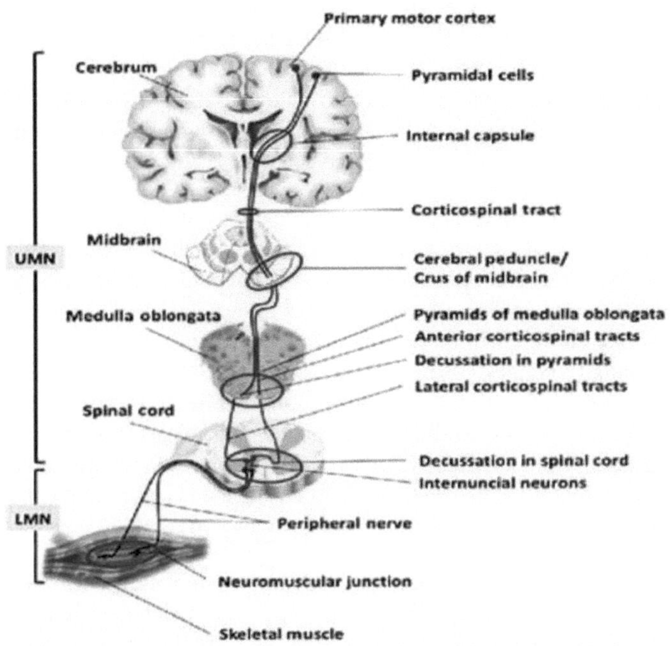

Nos anos 80, Apostolos Georgopoulos, da Universidade Johns Hopkins, descobriu uma relação matemática entre as respostas eléctricas de neurónios individuais do córtex motor em macacos rhesus e a direção em que os macacos moviam os braços (com base numa função cosseno). Descobriu também que grupos dispersos de neurónios em diferentes áreas do cérebro controlavam coletivamente os comandos motores, mas só conseguiu registar os disparos dos neurónios de uma área de cada vez devido a limitações técnicas impostas pelo seu equipamento [4]. Desde meados da década de 1990, registou-se um rápido desenvolvimento das BCIs [5]. Vários grupos conseguiram captar sinais complexos do centro motor do cérebro utilizando gravações de conjuntos neurais (grupos de neurónios) e utilizá-los para controlar dispositivos externos, incluindo grupos de investigação liderados por Richard Andersen, John Donoghue, Phillip Kennedy, Miguel Nicolelis e Andrew

Schwartz.
6.3.2. Êxitos de investigação proeminentes

Phillip Kennedy e colegas construíram a primeira interface cérebro-computador intracortical, implantando eléctrodos neurotróficos de cone em macacos. Gravações de Garrett Stanley da visão de gatos utilizando uma BCI implantada no núcleo geniculado lateral (linha superior: imagem original; linha inferior: gravação)

Em 1999, investigadores liderados por Garrett Stanley, da Universidade de Harvard, descodificaram os disparos neuronais para reproduzir imagens vistas por gatos. A equipa utilizou um conjunto de eléctrodos embutidos no tálamo (que integra todas as informações sensoriais do cérebro) de gatos com olhos aguçados. Os investigadores visaram 177 células cerebrais na área do núcleo geniculado lateral do tálamo, que descodifica os sinais da retina. Foram mostrados aos gatos oito filmes curtos e os disparos dos seus neurónios foram registados. Utilizando filtros matemáticos, os investigadores descodificaram os sinais para gerar filmes do que os gatos viam e conseguiram reconstruir cenas reconhecíveis e objectos em movimento [6].

Miguel Nicolelis tem sido um defensor proeminente da utilização de múltiplos eléctrodos espalhados por uma área maior do cérebro para obter sinais neuronais para conduzir uma BCI. Diz-se que esses conjuntos neuronais reduzem a variabilidade da saída produzida por eléctrodos individuais, o que poderia dificultar o funcionamento de uma BCI.

Após a realização de estudos iniciais em ratos durante os anos 90, Nicolelis e os seus colegas desenvolveram BCIs que descodificavam a atividade cerebral em macacos-coruja e utilizaram os dispositivos para reproduzir os movimentos dos macacos em braços robóticos. Os macacos têm capacidades avançadas de alcançar e agarrar e boas capacidades de manipulação das mãos, o que os torna cobaias ideais para este tipo de trabalho.

Em 2000, o grupo conseguiu construir uma BCI que reproduzia os movimentos do macaco-coruja enquanto este operava um joystick ou procurava comida [7]. A BCI funcionava em tempo real e podia também controlar remotamente um robot separado através do protocolo Internet.

Mas os macacos não podiam ver o braço em movimento e não recebiam qualquer feedback, o chamado BCI de circuito aberto.

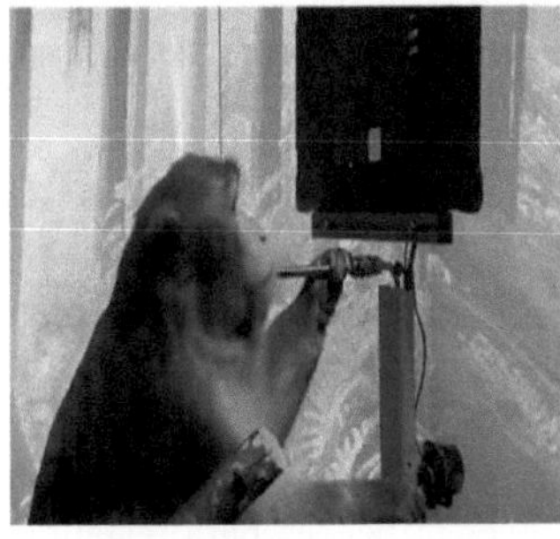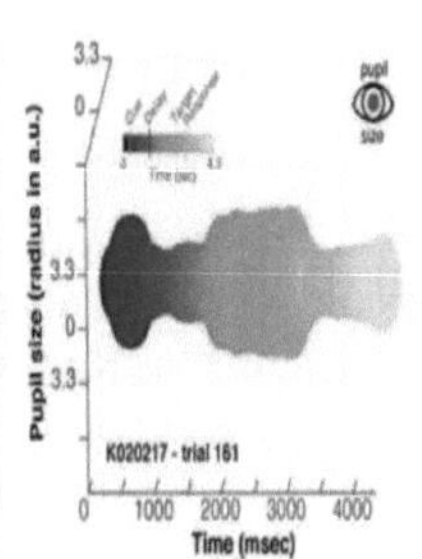

Experiências posteriores de Nicolelis, utilizando macacos rhesus, conseguiram fechar o ciclo de feedback e reproduzir os movimentos de alcance e preensão dos macacos num braço robótico. Com os seus cérebros profundamente fendidos e sulcados, os macacos rhesus são considerados melhores modelos para a neurofisiologia humana do que os macacos-coruja. Os macacos foram treinados para alcançar e agarrar objectos num ecrã de computador manipulando um joystick enquanto os movimentos correspondentes de um braço robótico estavam escondidos [8, 9]. Mais tarde, o robô foi mostrado diretamente aos macacos e estes aprenderam a controlá-lo através da visualização dos seus movimentos. O BCI utilizou previsões de velocidade para controlar os movimentos de alcance e simultaneamente previu a força de preensão da mão.

Outros laboratórios que desenvolvem BCIs e algoritmos que descodificam os sinais dos neurónios incluem John Donoghue da Universidade de Brown, Andrew Schwartz da Universidade de Pittsburgh e Richard Andersen da Caltech. Estes investigadores conseguiram produzir BCIs funcionais, apesar de terem registado sinais de muito menos neurónios do que Nicolelis (15-30 neurónios contra 50-200 neurónios).

O grupo de Donoghue relatou o treino de macacos rhesus para utilizar uma BCI para seguir alvos visuais num ecrã de computador com ou sem a ajuda de um joystick (BCI de circuito fechado) [10]. O grupo de Schwartz criou uma BCI para rastreio tridimensional em realidade virtual e também reproduziu o controlo da BCI num braço robótico [11]. O grupo fez manchetes quando demonstrou que um macaco podia alimentar-se a si próprio com pedaços de courgette utilizando um braço robótico alimentado pelos sinais cerebrais do próprio animal [12].

O grupo de Andersen utilizou registos de atividade pré-movimento do córtex parietal posterior na sua BCI, incluindo sinais criados quando os animais experimentais antecipavam a receção de uma recompensa [13]. Para além de prever os parâmetros cinemáticos e cinéticos dos movimentos dos membros, estão a ser desenvolvidas BCI que prevêem a atividade electromiográfica ou eléctrica dos músculos [14]. Essas BCI poderiam ser utilizadas para restaurar a mobilidade em membros paralisados, estimulando eletricamente os músculos.

6.4. Investigação em BCI humana
6.4.1. BCIs invasivas

A investigação sobre as BCI invasivas tem como objetivo reparar a visão danificada e proporcionar novas funcionalidades a pessoas paralisadas. As BCI invasivas são implantadas diretamente na massa cinzenta do cérebro durante uma neurocirurgia. Como repousam na massa cinzenta, os dispositivos invasivos produzem os sinais de maior qualidade dos dispositivos BCI, mas são propensos à formação de tecido cicatricial, fazendo com que o sinal se torne mais fraco ou mesmo se perca à medida que o corpo reage a um objeto estranho no cérebro.

Na ciência da visão, os implantes cerebrais directos têm sido utilizados para tratar a cegueira não congénita (adquirida). Um dos primeiros cientistas a conceber uma interface cerebral funcional para restaurar a visão foi o investigador privado William Dobelle.

O primeiro protótipo de Dobelle foi implantado em "Jerry", um homem cego na idade adulta, em 1978. Uma BCI de matriz única com 68 eléctrodos foi implantada no córtex visual de Jerry e conseguiu produzir fosfenos, a sensação de ver luz. O sistema incluía câmaras montadas em óculos para enviar sinais para o implante. Inicialmente, o implante permitiu a Jerry ver tons de cinzento num campo de visão limitado, com uma baixa taxa de fotogramas. No entanto, a diminuição do tamanho da eletrónica e a maior rapidez dos computadores tornaram o seu olho artificial mais portátil e permitem-lhe agora executar tarefas simples sem ajuda [15].

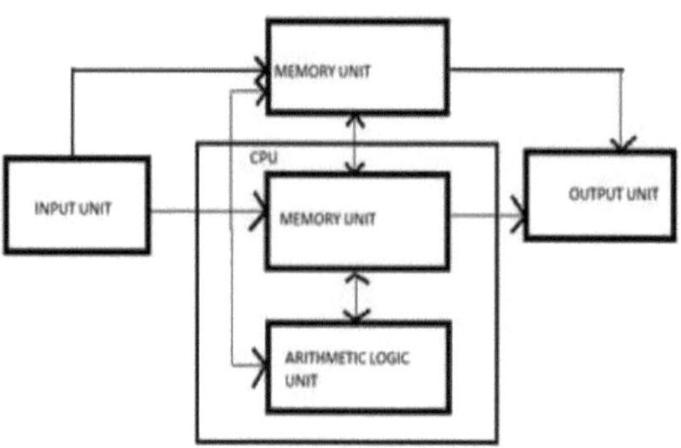

Em 2002, Jens Naumann, também cego na idade adulta, tornou-se o primeiro de uma série de 16 pacientes pagantes a receber o implante de segunda geração da Dobelle, marcando uma das primeiras utilizações comerciais das BCI. O dispositivo de segunda geração utilizava um implante mais sofisticado que permitia um melhor mapeamento dos fosfenos numa visão coerente. Os fosfenos estão espalhados pelo campo visual, o que os investigadores designam por efeito de noite estrelada. Imediatamente após o implante, Jens conseguiu utilizar a sua visão imperfeitamente restaurada para conduzir lentamente na área de estacionamento do instituto de investigação.

As BCIs centradas na neuroprotecção motora têm como objetivo restaurar o movimento em indivíduos paralisados ou fornecer dispositivos para os ajudar, como interfaces com computadores ou braços robóticos.

Os investigadores da Universidade Emory, em Atlanta, liderados por Philip Kennedy e Roy Bakay, foram os primeiros a instalar um implante cerebral num ser humano que produzia sinais de qualidade suficientemente elevada para simular movimentos. O seu paciente, Johnny Ray, sofria de "síndrome de bloqueio" após ter sofrido um acidente vascular cerebral no tronco cerebral. O implante de Ray foi instalado em 1998 e ele viveu o tempo suficiente para começar a trabalhar com o implante, acabando por aprender a controlar um cursor de computador [16].

Matt Nagle, tetraplégico, tornou-se a primeira pessoa a controlar uma mão artificial utilizando uma BCI em 2005, no âmbito do primeiro ensaio humano de nove meses do implante de chip BrainGate da Cyberkinetics Neurotechnology. Implantado no giro pré-central direito de Nagle (área do córtex motor para o movimento do braço), o implante Brain Gate de 96 eléctrodos permitiu a Nagle controlar um braço robótico pensando em mover a sua mão, bem como um cursor de computador, luzes e televisão [17].

6.4.2. BCIs parcialmente invasivas

Os dispositivos de ICB parcialmente invasivos são implantados no interior do crânio, mas ficam fora do cérebro e não no meio da massa cinzenta. Produzem sinais de melhor resolução do que as ICB não invasivas, em que o tecido ósseo do crânio desvia e deforma os sinais, e têm um risco menor de formar tecido cicatricial no cérebro do que as ICB totalmente invasivas.

A electrocorticografia (ECoG) utiliza a mesma tecnologia que a eletroencefalografia não invasiva (ver abaixo), mas os eléctrodos são incorporados numa fina almofada de plástico que é colocada acima do córtex, por baixo da dura-máter [18]. As tecnologias ECoG foram testadas pela primeira vez em seres humanos em 2004 por Eric Leuthardt e Daniel Moran da Universidade de Washington em St Louis. Louis. Num ensaio posterior, os investigadores permitiram a um adolescente jogar Space Invaders utilizando o seu implante ECoG [19]. Esta investigação indica que é difícil produzir dispositivos BCI cinemáticos com mais de uma dimensão de controlo utilizando o ECoG.

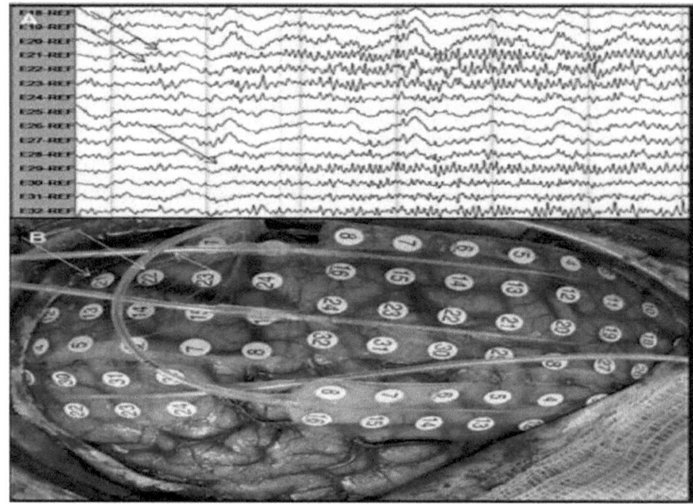

Os dispositivos BCI de imagem reactiva à luz estão ainda no domínio da teoria. Estes envolveriam a implantação de um laser no interior do crânio. O laser seria treinado num único neurónio e a reflectância do neurónio seria medida por um sensor separado. Quando o neurónio dispara, o padrão de luz laser e os comprimentos de onda que reflecte mudam ligeiramente. Isto permitiria aos investigadores monitorizar neurónios individuais, mas exigiria menos contacto com o tecido e reduziria o risco de formação de tecido cicatricial.

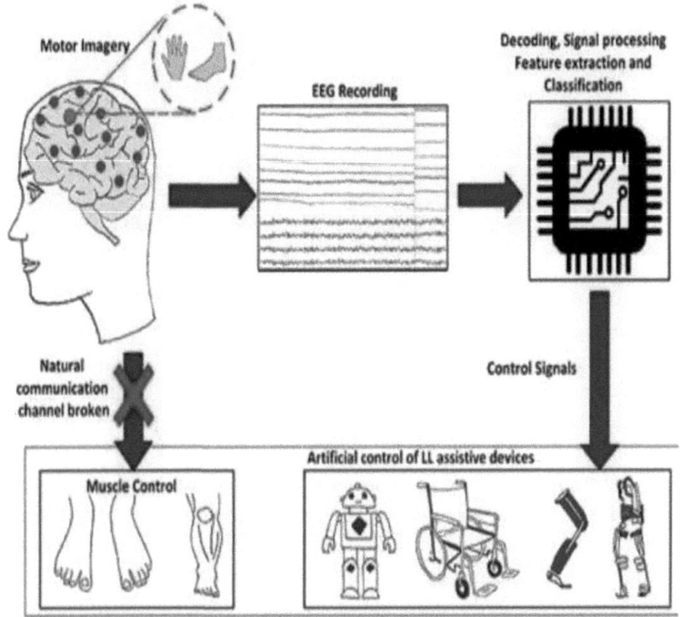

6.4.3. BCIs não-invasivos

Para além das experiências invasivas, foram também realizadas experiências em seres humanos utilizando tecnologias de neuroimagem não invasivas como interfaces. Os sinais registados desta forma foram utilizados para alimentar implantes musculares e restaurar movimentos parciais num voluntário experimental. Embora sejam fáceis de usar, os implantes não invasivos produzem uma resolução de sinal fraca porque o crânio amortece os sinais, dispersando e desfocando as ondas electromagnéticas criadas pelos neurónios. Embora as ondas possam ainda ser detectadas, é mais difícil determinar a área do cérebro que as criou ou as acções de cada neurónio.

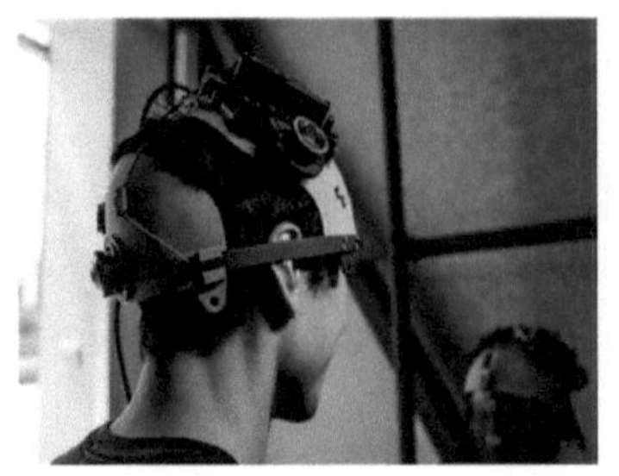

A eletroencefalografia (EEG) é a interface potencialmente não invasiva mais estudada, principalmente devido à sua resolução temporal fina, facilidade de utilização, portabilidade e baixo custo de instalação. Mas, para além da suscetibilidade da tecnologia ao ruído, outro obstáculo substancial à utilização do EEG como interface cérebro-computador é a formação extensiva necessária para que os utilizadores possam utilizar a tecnologia. Por exemplo, em experiências que tiveram início em meados da década de 1990, Niels Birbaumer, da Universidade de Tübingen, na Alemanha, utilizou registos EEG do potencial cortical lento para dar a doentes paralisados um controlo limitado sobre um cursor de computador [20]. Na experiência, dez doentes foram treinados para mover um cursor de computador através do controlo das suas ondas cerebrais. O processo era lento, exigindo mais de uma hora para que os pacientes escrevessem 100 caracteres com o cursor, enquanto o treino demorava frequentemente vários meses. Outro parâmetro de investigação é o tipo de ondas medidas. A investigação posterior de Birbaumer com Jonathan Wolpaw na Universidade do Estado de Nova Iorque centrou-se no desenvolvimento de uma tecnologia que permitisse aos utilizadores escolher os sinais cerebrais que considerassem mais fáceis para operar uma BCI, incluindo as ondas mu e beta.

Um outro parâmetro é o método de feedback utilizado e este é demonstrado em estudos de sinais P300. Os padrões de ondas P300 são gerados involuntariamente quando as pessoas vêem algo que reconhecem e podem permitir que as BCI descodifiquem categorias de pensamentos sem que os doentes sejam previamente treinados. Em contrapartida, os métodos de biofeedback acima descritos exigem que se aprenda a controlar as ondas cerebrais para que a atividade cerebral resultante possa ser detectada. Em 2000, por exemplo, uma investigação realizada por Jessica Bayliss na Universidade de Rochester mostrou que os voluntários que usavam capacetes de realidade virtual podiam controlar elementos num mundo virtual utilizando as suas leituras de EEG P300, incluindo ligar e desligar luzes e fazer parar um carro modelo [21].

Em 1999, investigadores da Case Western Reserve University, liderados por Hunter Peckham, utilizaram uma calota craniana de EEG com 64 eléctrodos para devolver movimentos limitados da mão ao tetraplégico Jim Jatich. Enquanto Jatich se concentrava em conceitos simples, mas opostos, como "para cima" e "para baixo", a saída do seu EEG em ritmo beta foi analisada com recurso a software para identificar padrões no ruído. Foi identificado um padrão básico que foi utilizado para controlar um interrutor: A atividade acima da média foi definida como ligada, abaixo da média como desligada. Para além de permitir a Jatich controlar um cursor de computador, os sinais foram também utilizados para acionar os controladores nervosos incorporados nas suas mãos, restaurando algum movimento [22].

Foram criadas redes neuronais electrónicas que transferem a fase de aprendizagem do utilizador para o computador. As experiências efectuadas por cientistas da Sociedade Fraunhofer em 2004, utilizando redes neuronais, conduziram a melhorias visíveis em 30 minutos de treino [23].

As experiências de Eduardo Miranda visam utilizar registos EEG da atividade mental associada à música para permitir que os deficientes se exprimam musicalmente através de um encefalofone [24].

A magnetoencefalografia (MEG) e a ressonância magnética funcional (fMRI) foram ambas utilizadas com êxito como BCI não invasivas. Numa experiência amplamente divulgada, a fMRI permitiu que dois utilizadores que estavam a ser examinados jogassem Pong em tempo real, alterando a sua resposta hemodinâmica ou o fluxo sanguíneo cerebral através de técnicas de biofeedback [25]. As medições de fMRI das respostas hemodinâmicas em tempo real foram também utilizadas para controlar braços de robôs com um atraso de sete segundos entre o pensamento e o movimento [26].

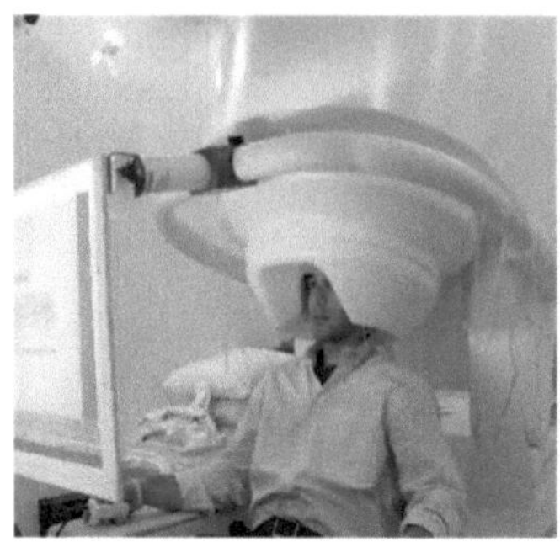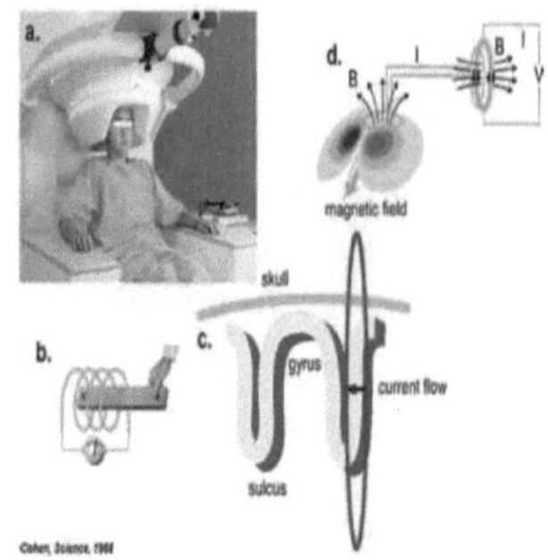

6.4.4. Comercialização e empresas

John Donoghue e outros investigadores fundaram a Cyberkinetics. Atualmente cotada na bolsa de valores dos EUA e conhecida como Cyberkinetic Neurotechnology Inc, a empresa comercializa as suas matrizes de eléctrodos sob o nome de produto BrainGate e definiu como seu principal objetivo o desenvolvimento de BCIs práticas para seres humanos. O BrainGate baseia-se na matriz de Utah desenvolvida por Dick Normann.

Philip Kennedy fundou a Neural Signals em 1987 para desenvolver BCIs que permitissem aos doentes paralisados comunicar com o mundo exterior e controlar dispositivos externos. Para além de uma BCI invasiva, a empresa também vende um implante para restaurar a fala. O dispositivo de ICC Brain Communicator da Neural Signals utiliza cones de vidro que contêm microelectrodos revestidos com proteínas para incentivar os eléctrodos a ligarem-se aos neurónios.

Embora 16 pacientes pagantes tenham sido tratados com a BCI de visão de William Dobelle, novos implantes deixaram de ser feitos um ano após a morte de Dobelle em 2004. Uma empresa controlada por Dobelle, a Avery Biomedical Devices, e a Stony Brook University continuam a desenvolver o implante, que ainda não recebeu a aprovação da FDA para implantação em humanos [27].

6.4. BCIs de cultura celular

Os investigadores também construíram dispositivos para interagir com células neurais e redes neurais inteiras em culturas fora dos animais. Para além de aprofundar a investigação sobre dispositivos implantáveis em animais, as experiências com tecido neural cultivado centraram-se na construção de redes de resolução de problemas, na construção de computadores básicos e na manipulação de dispositivos robóticos. A investigação sobre técnicas de estimulação e registo de neurónios individuais cultivados em pastilhas semicondutoras é por vezes designada por neuroelectrónica ou neurochips.

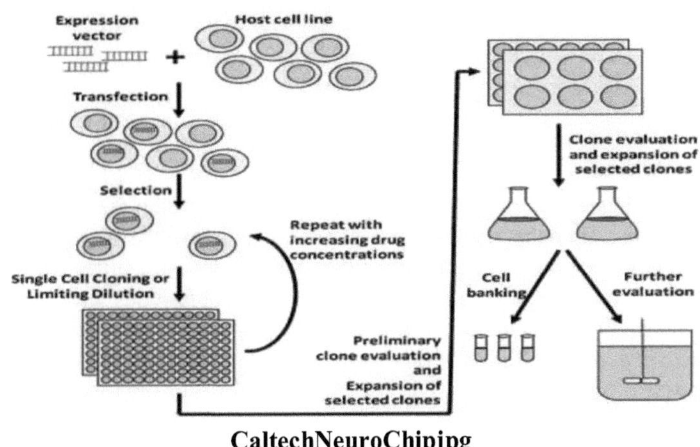

CaltechNeuroChipjpg

Neurochip desenvolvido pelos investigadores do Caltech Jerome Pine e Michael Maher.

O desenvolvimento do primeiro neurochip funcional foi reivindicado por uma equipa do Caltech liderada por Jerome Pine e Michael Maher em 1997 [28]. O chip da Caltech tinha espaço para 16 neurónios.

Em 2003, uma equipa liderada por Theodore Berger, da Universidade do Sul da Califórnia, começou a trabalhar num neurochip concebido para funcionar como um hipocampo artificial ou protético. O neurochip foi concebido para funcionar em cérebros de ratos e pretende ser um protótipo para o eventual desenvolvimento de próteses para cérebros superiores. O hipocampo foi escolhido porque se pensa que é a parte mais ordenada e estruturada do cérebro e é a área mais estudada. A sua função é codificar experiências para serem armazenadas como memórias de longo prazo noutras partes do cérebro [29] .

Thomas DeMarse, da Universidade da Flórida, utilizou uma cultura de 25 000 neurónios retirados do cérebro de um rato para pilotar um simulador de avião de caça F-22 [30]. Após a recolha, os neurónios corticais foram cultivados numa placa de Petri e começaram rapidamente a reconectar-se para formar uma rede neural viva. As células foram dispostas numa grelha de 60 eléctrodos e utilizadas para controlar as funções de inclinação e guinada do simulador. O estudo centrou-se na compreensão do modo como o cérebro humano executa e aprende tarefas computacionais a nível celular.

6.5. Considerações éticas

O debate sobre as implicações éticas das BCI tem sido relativamente discreto. Isto pode dever-se ao facto de a investigação ser muito promissora na luta contra a deficiência e de os investigadores de BCI ainda não terem atraído a atenção dos grupos de defesa dos direitos dos animais. Pode também dever-se ao facto de as BCI estarem a ser utilizadas para adquirir sinais para controlar dispositivos e não o contrário, embora a investigação sobre a visão seja uma exceção. É provável que este debate ético se intensifique à medida que as ICB se tornam tecnologicamente mais avançadas e se torna evidente que podem ser utilizadas não só para fins terapêuticos, mas também para melhorar a função humana. Os actuais pacemakers cerebrais, que já são utilizados para tratar doenças neurológicas como a depressão, poderão tornar-se um tipo de BCI e ser utilizados para modificar outros comportamentos. Os neurochips podem também desenvolver-se ainda mais, por exemplo, o hipocampo artificial, levantando questões sobre o que significa realmente ser humano.

Algumas das considerações éticas que as BCI levantariam nestas circunstâncias já estão a ser debatidas em relação aos implantes cerebrais e à área mais vasta do controlo da mente.

6.6. Tema na ficção

A perspetiva de BCIs e de implantes cerebrais de todos os tipos tem sido um tema importante na ficção científica. Consulte os implantes cerebrais na ficção e na filosofia para uma análise desta literatura.

6.7. Referências

[1] . S. P. Levine, et al. (2000) "A direct brain interface based on event-related
potenciais", IEEE Trans Rehabil Eng, vol. 8, pp. 180-5, 2000
[2] . Laura Bailey. Serviço de notícias da Universidade de Michigan.
[3] . Schmidt E M et al. 1978 Fine control of operantly conditioned firing
padrões de neurónios corticais Exp. Neurol. 61 349-69
[4] . Georgopoulos AP, Lurito JT, Petrides M, Schwartz AB, Massey JT (1989)
Rotação mental do vetor da população neuronal. Ciência 243: 234-236
[5] . Lebedev MA, Nicolelis MA (2006).
Interfaces cérebro-máquina: passado, presente e futuro. Trends Neurosci 29: 536546 Carregado em 18 de outubro de 2006
[6] . G. B. Stanley, F. F. Li e Y. Dan.
Reconstrução de cenas naturais a partir de respostas de conjunto no LGN, J.
Neurosci., 19(18):8036-8042, 1999

[7] . Wessberg J, et al. (2000)
Conjuntos de trajectórias de previsão em tempo real de neurónios corticais em primatas.
Natureza 16: 361-365
[8] . Carmena, J.M., et al. (2003).
Aprendizagem do controlo da interface cérebro-máquina em primatas que alcançam e agarram.
PLoS Biology, 1: 193-208
[9] . Lebedev, M.A., et al. (2005)
A adaptação do conjunto cortical representa uma interface cérebro-máquina controlada.
J. Neurosci. 25: 4681-4693
[10] . Serruya M.D., et al. (2002) Controlo neural instantâneo de um sinal de movimento.
Natureza 416: 141-142
[11] . Taylor DM, Tillery SI, Schwartz AB (2002) Controlo cortical direto de 3D

dispositivos neuroprotéticos. Ciência 296: 1829-1832

[12] . A equipa de Pitt vai desenvolver um braço controlado pelo cérebro, Pittsburgh Tribune Review, 5
setembro de 2006.

[13] . Musallam S, et al. (2004) Sinais de controlo cognitivo para próteses neurais.
Ciência 305: 258-262

[14] . Santucci, D.M., et al. (2005)
Conjuntos corticais frontais e parietais fazem previsões durante os movimentos de alcance.
Eur. J. Neurosci., 22: 1529-1540

[15] . Vision quest, Wired Magazine, setembro de 2002

[16] . Kennedy, P.R., Bakay R.A. (1998)
Restauração da saída neural de uma ligação cerebral direta paralisada.
Neuroreport. 1 de junho;9(8):1707-11

[17] . Leigh R. Hochberg, et al. (2006).
Controlo neuronal de dispositivos protésicos em humanos com tetraplegia. Nature 442: 164-171.

[18] . Serruya MD, Donoghue JP. (2003) Capítulo III: Princípios de conceção de um
Dispositivo protético neuromotor em Neuroprosthetics: Teoria e Prática, ed. Kenneth W. Horch, Gurpreet S. Kenneth W. Horch, Gurpreet S. Dhillon. Imperial College Press.

[19] . Adolescente move ícones de vídeo só com a imaginação, comunicado de imprensa, Washington
Universidade de St Louis, 9 de outubro de 2006

[20] . Para além da telepatia: pode interagir com o mundo exterior se não o conseguir fazer?
Psychology Today, maio-junho de 2003

[21] . Comunicado de imprensa, Universidade de Rochester, 3 de maio de 2000

[22] . The Next BrainiacsRevista Wired, agosto de 2001.

[23] . Sistema nervoso periférico baseado em redes neuronais artificiais para processamento de sinais.
In: Actas da 1ª Conferência Internacional IEEE EMBS sobre Engenharia Neural. pp. 134-137. 20-22 de março de 2003.

[24] . Mental ways to make music, Cane, Alan, Financial Times, Londres (Reino Unido), 22

abril de 2005, p12

[25] . Mental ping-pong could help paraplegics, Nature, 27 de agosto de 2004

[26] . Para que o robô funcione apenas com o cérebro, a ATR e a Honda desenvolvem a base BMI
tecnologia, Tech-on, 26 de maio de 2006

[27] . Comunicado de imprensa, Centro de Biotecnologia da Universidade de Stony Brook, 1 de maio
2006

[28] . Comunicado de imprensa, Caltech, 27 de outubro de 1997

[29] . A chegar a um cérebro perto de si, Wired News, 22 de outubro de 2004

[30] . 'Brain' in a dish flies flight simulator", CNN, 4 de novembro de 2004.

Capítulo 7: Conclusões

Com base no estudo, na análise e nos debates, pode concluir-se que a IA tem as seguintes capacidades

- Raciocínio e resolução de problemas
- Representação do conhecimento- Planeamento e tomada de decisões- AprendizagemProcessamento de linguagem natural- Perceção
- Inteligência social
- Inteligência geral

Além disso, a IA tem sido utilizada em aplicações em toda a indústria e no meio académico, das quais:

- Sistemas de recomendação
- Feeds da Web e mensagens
- Publicidade direccionada e aumento do envolvimento na Internet
- Assistentes virtuais
- Motores de pesquisa
- Filtragem de spam
- Tradução de línguas
- Reconhecimento facial e etiquetagem de imagens
- Jogos
- Desafios económicos e sociais
- Agricultura
- Máquinas automatizadas
- Educação
- Finanças
- Negociação e investimento
- Subscrição
- Auditoria
- Combate ao branqueamento de capitais